# Die Lehre

von der

# Zentralprojektion

im

## vierdimensionalen Raume

von

**Dr. H. de Vries**
Dozent an der Polytechnischen Schule zu Delft (Holland)

**Mit 25 Figuren**

**Leipzig**
G. J. Göschen'sche Verlagshandlung
1905

Spamersche Buchdruckerei, Leipzig.

# Inhaltsverzeichnis.

## Erster Abschnitt.



## Zweiter Abschnitt.

## Dritter Abschnitt.

# Erster Abschnitt.

## Die Bestimmung der Räume $R_0$, $R_1$, $R_2$, $R_3$, und die einfachsten Fälle von Längen- und Winkelbestimmung.

§ 1. Es genügt bekanntlich (um nicht weiter als bis zur Ebene zurückzugreifen) die eine Annahme, es gebe außerhalb einer Ebene einen einzigen Punkt $O$, um einen linearen dreidimensionalen Raum zu erzeugen, mittels der geraden Linien nämlich, welche $O$ mit sämtlichen Punkten der Ebene verbinden. Es kann dann aber weiter dieser nämliche Punkt dazu benutzt werden, die sämtlichen Figuren des eben erst erzeugten Raumes auf die Ebene zu projizieren, was als die gerade entgegengesetzte Operation der Raumerzeugung angesehen werden kann, und was geschieht, einmal um die Lage der Figuren im $R_3$ zu fixieren, dann aber auch um durch das Studium der Eigenschaften der Projektionen zur Kenntnis derjenigen der Originale zu gelangen. Dies ist in kurzen Worten Zweck und Inhalt der Zentralprojektion im $R_3$. Es genügt nun aber ebenfalls die eine Annahme, es gebe außerhalb eines $R_3$ einen einzigen Punkt $O$, um, wiederum durch Vermittlung der geraden Linien, welche $O$ mit sämtlichen Punkten des $R_3$ verbinden, einen linearen vierdimensionalen Raum $R_4$ zu erzeugen, und es kann auch jetzt wieder der nämliche Fixpunkt $O$ dazu benutzt werden, den erzeugten $R_4$ auf $R_3$ zurückzuprojizieren. Und wenn sich nun die Zentralprojektion im $R_3$ als eine, besonders in theoretischer Hinsicht, vorzügliche Darstellungs- und Untersuchungsmethode bewährt hat, so liegt die Behauptung nahe, dasselbe sei im $R_4$ der Fall, wo ja vorderhand praktische Rücksichten überhaupt noch nicht zu nehmen sind. Diese Behauptung als richtig nachzuweisen, ist der Zweck der vorliegenden Arbeit. Es sollen in derselben die Elemente der Zentralprojektion im $R_4$ zunächst aufgestellt und sodann dazu benutzt werden, die einfachen Probleme zu lösen, welche aus der Verknüpfung der

Raumelemente unter sich hervorgehen, und zwar bilden den Zweck keine sogenannten Zungenkonstruktionen, sondern wirklich durchgeführte, oder doch ohne gar zu viel Umstände durchführbare, graphische Lösungen. Hiermit ist zugleich die Antwort gegeben auf die Frage, weshalb wir uns auf den $R_4$ beschränken. Es ist ja durchaus nicht schwierig, die Zentralprojektion im $R_n$ zu entwickeln und zur Lösung von Aufgaben zu benutzen; dann aber gibt es bloß Worte, oder im günstigsten Falle schematische Figuren, aber keine wirklichen Konstruktionen; fängt man hingegen umgekehrt mit $R_4$ an, so ist die Ausdehnung auf $R_5$ usw. ohne jede Schwierigkeit zu vollziehen.

§ 2. Es werde in dem als Operationsraum[1]) gedachten $R_4$ ein $R_3$ beliebig angenommen und als Projektionsraum $R_3^p$ bezeichnet; innerhalb desselben wählen wir eine beliebige Ebene als Projektions- oder Zeichnungsebene und bezeichnen dieselbe, indem wir sie als einen linearen zweidimensionalen Raum auffassen, mit $R_2^p$ (Fig. 1). Um irgend einen Punkt $C_2$ der Ebene $R_2^p$ als Mittelpunkt und mit einem beliebigen Radius $d$, Distanz genannt, schlagen wir einen in $R_2^p$ liegenden Kreis, den Distanzkreis[2]), und errichten sodann in $C_2$ das in $R_3^p$ liegende, auf $R_2^p$ senkrecht stehende Perpendikel, auf welches von $C_2$ aus die Distanz $d$ abgetragen wird; der zweite Endpunkt $C_1$ der Strecke $d$ ist dann das Projektionszentrum der Zentralprojektion innerhalb des $R_3^p$. Und die Zweideutigkeit in bezug auf die Lage des Punktes $C_1$, welche dadurch entsteht, daß die Strecke $d$ von $C_2$ an nach zwei verschiedenen Richtungen hin abgetragen werden kann, wird bekanntlich gehoben, indem wir durch die Gerade $C_2C_1$ eine beliebige Ebene legen und diese entweder im einen oder im andern Sinne um $C_2C_1$ als Achse

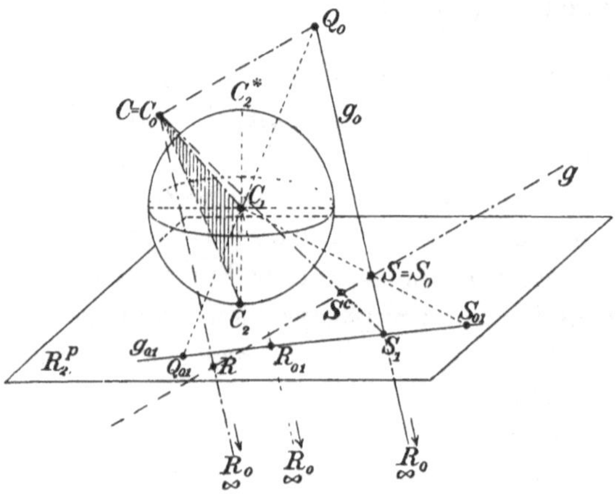

Fig. 1.

[1]) Man vergleiche „Sammlung Schubert" XXXV: P. H. Schoute, „Mehrdimensionale Geometrie", I, S. 7 unten.

[2]) W. Fiedler, „Die darstellende Geometrie in organischer Verbindung mit der Geometrie der Lage", 3. Aufl., Bd. I, S. 7.

rotieren lassen. Die Schnittpunkte dieser Ebene mit dem Distanzkreise werden dadurch ebenfalls in Rotation versetzt, und diese Rotation findet, von der einen Seite von $R_2^p$ aus gesehen, in positivem, von der andern in negativem Sinne statt; derjenige Punkt, von wo aus die Bewegung in positivem Sinne erscheint, wird als Projektionszentrum gewählt.

Wir schlagen nun, fortfahrend, um $C_1$ als Mittelpunkt und mit einem Radius, der beliebig gewählt werden könnte, den wir aber der Einfachheit halber wieder gleich $d$ voraussetzen, die in $R_3^p$ enthaltene Kugel, die Distanzkugel, welche also $R_2^p$ in $C_2$ berührt, und errichten sodann in $C_1$ das einzige, in $R_4$ enthaltene, auf $R_3^p$ senkrecht stehende Perpendikel, und auf dieses tragen wir jetzt von $C_1$ an die Distanz $d$ ab. Der zweite Endpunkt $C_0$ der Strecke $d$, den wir aber der Kürze halber einfach mit $C$ bezeichnen wollen, soll dann das Projektionszentrum der vierdimensionalen Zentralprojektion sein. Und die Zweideutigkeit in der Lage des Punktes $C$, welche auch jetzt wieder, und aus dem nämlichen Grunde wie oben, vorwaltet, heben wir in folgender Weise. Denken wir die Ebene $C_2 C_1 C$ und durch diese einen beliebigen Raum $R_3$. Derselbe schneidet $R_3^p$ in einer Ebene $\varepsilon$, und diese enthält offenbar die Gerade $C_2 C_1$, und schneidet somit die Distanzkugel in einem Großkreise, für welchen $C_2$ und der diametral gegenüberliegende Punkt $C_2^*$ die Endpunkte eines Durchmessers sind; und dieser Kreis ist zugleich der Querschnitt der Distanzkugel mit dem Raume $R_3$. Läßt man jetzt diesen $R_3$ um die Ebene $C_2 C_1 C$ rotieren, so beschreiben alle seine Punkte, und somit auch diejenigen des betrachteten Distanzkugelkreises, in zu der Ebene $C_2 C_1 C$ vollständig normalen[1]) und somit untereinander parallelen Ebenen liegende Kreise, und die Ebenen dieser Kreise sind senkrecht sowohl zur Geraden $C_2 C_1$, welche in $R_3^p$, wie zu $C_1 C$, welche in $R_4$ enthalten ist. Hieraus ergibt sich: erstens, daß bei der Rotation des $R_3$ um die Ebene $C_2 C_1 C$ der in $R_3$ enthaltene Distanzkugelkreis eine Rotation ausführt um die Achse $C_2 C_2^*$ und somit den $R_3^p$ nicht verläßt, und zweitens daß man, von irgend einem Punkte der Geraden $C_1 C$ auf $R_3^p$ herab- oder zu $R_3^p$ hinaufschauend, diese Rotation im einen Falle in positivem, im andern in negativem Sinne sich vollführen sehen wird. Wir wählen nun wiederum denjenigen Punkt als Projektionszentrum, von wo aus gesehen die Rotation des Kreises in positivem Sinne statthat, und bemerken schließlich nur noch, daß die Ebene $C_2 C_1 C$, weil sie zwei sich schneidende Normalen $C_2 C_1$ und $C_1 C$ zur Ebene $R_2^p$ enthält, selbst zu dieser Ebene vollständig normal ist, daß somit auch

[1]) P. H. Schoute, l. c., S. 49.

die Gerade $C_2C$ zu $R_2^p$ senkrecht ist, sich aber dadurch von $C_2C_1$ unterscheidet, daß sie nicht wie diese in $R_3^p$ enthalten ist, und daß das Dreieck $C_2C_1C$ gleichschenklig rechtwinklig am Punkte $C_1$, und somit die Länge von $C_2C$ gleich $d\sqrt{2}$ ist.

§ 3. Wie schon aus § 1 zur Genüge hervorgeht, ist die gerade Linie für die Zentralprojektion aller Dimensionen das grundlegende Raumelement; wir wollen also mit der Bestimmung einer in $R_4$ willkürlich angenommenen Geraden den Anfang machen (Fig. 1). Diese Gerade $g$ wird im allgemeinen $R_3^p$ in einem bestimmten Punkte $S$ schneiden, dem Durchstoßpunkte von $g$, und der Parallelstrahl von $g$ durch $C$ trifft $R_3^p$ in einem Punkte, der als die Zentralprojektion des unendlich fernen Punktes von $g$ aufgefaßt werden kann und deshalb der Fluchtpunkt von $g$ heißen soll. Bedenkt man, daß der Punkt $C$ eigentlich $C_0$ heißen sollte (§ 2), so liegt es nahe, jede Projektion aus $C$ auf $R_3^p$ durch den angehängten Index 0 zu bezeichnen; nennen wir also den unendlich fernen Punkt von $g$, indem wir uns zum Teil der Fiedlerschen Bezeichnungsweise anschließen,[1] $Q_\infty$, so heißt der Fluchtpunkt $Q_0$, und die Gerade $SQ_0$, welche zwei in $R_3^p$ enthaltene Punkte verbindet und somit selbst in $R_3^p$ enthalten ist, ist die Projektion $g_0$ der Geraden $g$ aus dem Zentrum $C$ auf den Raum $R_3^p$. Wir sagen kurz, es sei $g_0$ die Nullprojektion von $g$.

Der Punkt $S$ fällt mit seiner Projektion $S_0$ zusammen, wie denn überhaupt $R_3^p$ der Ort aller Punkte ist, die mit ihrer Nullprojektion zusammenfallen; wir wollen daher gleich von Anfang an jeden Durchstoßpunkt $S$ durch $S_0$ bezeichnen, und schreiben also in der Folge $S_0Q_0 = g_0$. Diese Bezeichnungsweise ist ohne jede Gefahr, solange wir den Buchstaben $S$ ausschließlich für Durchstoßpunkte verwenden.

Es muß jetzt die in $R_3^p$ im allgemeinen willkürlich liegende Gerade $g_0$ noch weiter bestimmt werden, und dazu benutzen wir nun die Projektion mit $C_1$ als Zentrum und $R_2^p$ als Bildebene, und die wir abkürzend die Einsprojektion nennen wollen. Es schneidet $g_0$ die Ebene $R_2^p$ in einem Punkte $S$, der mit seiner Einsprojektion zusammenfällt, und den wir somit $S_1$ nennen wollen, und der Parallelstrahl zu $g_0$ durch $C_1$ trifft $R_2^p$ im Fluchtpunkte von $g_0$; diesen letzteren Punkt nennen wir $R_{01}$, und zwar aus folgendem Grunde. Es gibt durch das Zentrum $C$ einen einzigen dreidimensionalen Raum, der zum Raume $R_3^p$ parallel ist[2]), den sogenannten Verschwindungsraum $R_3^v$, und dieser hat die Eigenschaft, daß die Nullprojektionen seiner sämtlichen Punkte

[1]) W. Fiedler, l. c. S. 7.

[2]) P. H. Schoute, l. c. S. 26.

auf die unendlich ferne Ebene von $R_3^p$ fallen. Es schneidet nun die Gerade $g$ den $R_3^c$ in dem sogenannten Verschwindungspunkte $R$ von $g$, und die Nullprojektion dieses Punktes, $R_0$, ist somit der unendlich ferne Punkt von $g_0$. Von diesem muß jetzt noch die Einsprojektion gebildet werden, um den Fluchtpunkt von $g_0$ zu erhalten; aus diesem Grunde muß dieser Fluchtpunkt $R_{01}$ heißen. Die Gerade $S_1 R_{01} = g_{01}$ ist nun die Einsprojektion von $g_0$ und die Nulleinsprojektion von $g$, und es liegen auf derselben außer $S_1$ und $R_{01}$ noch die Punkte $S_{01}$ und $Q_{01}$, die Einsprojektionen des Durchstoßpunktes und des Fluchtpunktes von $g$. Und es ist ohne weiteres klar, daß durch diese Daten die Lage von $g$ im $R_4$ unzweideutig bestimmt ist; man hat nur, anstatt den Projektionsprozeß, den umgekehrten Prozeß der Raumerzeugung anzuwenden (§ 1).

Sowie wir den Ursprung des Fluchtpunktes $R_{01}$ der Geraden $g_0$ aufgedeckt haben, so läßt sich auch für den Durchstoßpunkt $S_1$ etwas ähnliches machen. Es ist ja jeder Punkt von $g_0$ die Nullprojektion eines gewissen Punktes von $g$ selbst, folglich muß dies auch für $S_1$ der Fall sein, d. h. die Gerade $CS_1$ muß die Gerade $g$ schneiden. Es bestimmt nun $C$ mit der Ebene $R_2^p$ einen Raum $R_3^c$, und dieser neue Raum enthält die Gerade $CS_1$, weil diese eben eine der ihn erzeugenden Geraden ist; auf dieser Geraden liegt nun aber der Schnittpunkt von $CS_1$ mit $g$, sagen wir $S^c$; es ist also der Punkt $S_1$ die Projektion des Schnittpunktes $S^c$ der Geraden $g$ mit dem Raume $R_3^c$ aus dem Zentrum $C$ auf die Ebene $R_2^p$, wobei also der Raum $R_3^p$ und das Zentrum $C_1$ übersprungen werden. Die Gerade $CS^cS_1$ ist der einzige nullprojizierende Strahl von $g$, der die Ebene $R_2^p$ trifft, die andern sind windschief zu ihr, oder mit andern Worten der Punkt $S_1$ ist der Schnittpunkt der nullprojizierenden Ebene von $g$ mit $R_2^p$.

In der dreidimensionalen Zentralprojektion begegnet man keinem Analogon des Raumes $R_3^c$; dies hat seinen Grund einfach hierin, daß man hier nicht bis zur Geraden rückwärts zu gehen pflegt. Würde man in $R_2^p$ eine beliebige Gerade $R_1^p$ als Projektionsachse wählen und nun sämtliche Punkte von $R_2^p$ aus $C_2$ auf dieselbe projizieren, so würde die Ebene durch $C_1$ und $R_1^p$ das Analogon unseres Raumes $R_3^c$ darstellen; denn es würde sich der Schnittpunkt einer Geraden $g_0$ mit dieser Ebene von $C_1$ aus direkt auf $R_1^p$ projizieren lassen, wobei $C_2$ und $R_2^p$ übersprungen würden, während die einsprojizierenden Strahlen aller andern Punkte von $g_0$ zu $R_1^p$ windschief wären, so daß für diese Punkte zunächst eine Projektion aus $C_1$ auf $R_2^p$ und dann noch eine aus $C_2$ auf $R_1^p$ erforderlich wäre.

Ist eine Gerade $g$ ganz in $R_3^c$ enthalten — und hiermit gehen wir über zu einer kurzen Betrachtung der wichtigsten Spezialfälle der Bestimmung der Geraden —, so zeigt sie folgendes besondere Verhalten. Die nullprojizierende Ebene von $g$ ist ebenfalls in $R_3^c$ enthalten und schneidet somit $R_3^p$ in einer Geraden derjenigen Ebene, welche $R_3^c$ und $R_3^p$ gemein haben, d. h. in einer Geraden von $R_2^p$. Es liegt also bereits die Nullprojektion von $g$ in $R_2^p$, $g_0$ in $R_2^p$, und es fällt also $g_{01}$ mit $g_0$ zusammen. Der Punkt $S_1$ wird unbestimmt, $R_{01}$, die Einsprojektion des unendlich fernen Punktes $R_0$ von $g_0$, fällt selbst ins Unendliche, $S_{01}$ und $Q_{01}$ bleiben beliebig, könnten aber auch durch $S_0$ (oder $S$) und $Q_0$ bezeichnet werden. Es ist also $R_3^c$ der Ort aller Punkte, Geraden usw., deren Nullprojektionen selbst schon in $R_2^p$ liegen, oder deren Null- und Einsprojektionen zusammenfallen.

In ähnlicher Weise kann man sagen, es sei $R_3^p$ der Ort aller Punkte, Geraden usw., welche mit ihrer Nullprojektion zusammenfallen, und es sei $R_2^p$ der Ort aller Punkte, wo Original, Null- und Einsprojektion zusammenfallen. Einen geometrischen Ort aber, wo Original und Einsprojektion, nicht aber auch die Nullprojektion zusammenfallen, gibt es offenbar nicht. Denn wenn ein Original mit seiner Einsprojektion zusammenfällt, so liegt es in $R_2^p$, dann aber fällt auch die Nullprojektion dort hinein.

Es sei die Gerade $g$ nullprojizierend, d. h. sie enthalte den Punkt $C$. Die Punkte $S_0$ und $Q_0$ fallen zusammen, und $g_0 = S_0 Q_0$ wird ein Punkt in $R_3^p$. Zur Bestimmung desselben bedürfen wir einer in $R_3^p$ enthaltenen Hilfsgeraden, eines sogenannten Trägers; ist die Wahl desselben frei, so ist es von Vorteil, eine Gerade senkrecht zu $R_2^p$ zu wählen; das $Q_1$ derselben (wir projizieren den unendlich fernen Punkt des Trägers direkt aus $C_1$ auf $R_2^p$ und erhalten somit nur den einen Index 1 und den Buchstaben $Q$, womit Verwechselung mit $Q_{01}$ oder $R_{01}$ ausgeschlossen ist) fällt auf $C_2$, das $S_1$ ist die senkrechte Projektion von $S_0 Q_0$ auf $R_2^p$, und auf der Verbindungslinie $Q_1 S_1$ oder $C_2 S_1$ liegt der Punkt $S_{01} = Q_{01}$ beliebig. Durch Umlegung der Ebene $C_1 C_2 S_1$ in $R_2^p$ findet man unmittelbar die senkrechte Entfernung des Punktes $S_0 Q_0$ von $R_2^p$. (Es wird der geneigte Leser gebeten, sich diese und ähnliche einfache Figuren selbst bilden zu wollen.)

Es kann die Gerade $g$ auch einsprojizierend sein, d. h. den Punkt $C_1$ enthalten, ohne gerade selbst in $R_3^p$ enthalten zu sein. Dann wird $C_1$ der Durchstoßpunkt $S_0$, $Q_0$ bleibt beliebig, und $g_0$ geht durch $C_1$, so daß $g_{01}$ sich auf einen Punkt reduziert; zur näheren Bestimmung von $Q_0$ wird also ein Träger erforderlich sein, der wieder, wenn möglich, senkrecht zu $R_2^p$ gewählt werden sollte.

Ohne die Reihe aller überhaupt möglichen Spezialfälle vollständig abhandeln zu wollen, ist es dennoch notwendig, die folgenden einer kurzen Betrachtung zu unterwerfen. Es kann $g$ senkrecht sein zu $R_2^p$, erstens *weil* sie senkrecht ist zu $R_3^p$ und somit auch zu allen Geraden und Ebenen dieses Raumes, zweitens *ohne* daß sie senkrecht ist zu $R_3^p$. Wir betrachten zunächst diesen letzteren Fall und befassen uns nur mit dem durch $C$ gehenden Parallelstrahle von $g$, was offenbar genügt. Soll eine durch $C$ gehende Gerade $\perp R_2^p$ sein, so muß sie enthalten sein in der zu $R_2^p$ vollständig normalen Ebene durch $C$, und diese kennen wir bereits aus § 2 (am Schlusse), es ist nämlich die Ebene $CC_1C_2$. Diese schneidet $R_3^p$ in der Geraden $C_1C_2$; wir finden also:

*Sämtliche Gerade des Operationsraumes, welche senkrecht sind zur Ebene $R_2^p$, haben ihre Fluchtpunkte auf der Geraden $C_1C_2$.*

Es sind diese Geraden in der Projektion leicht zu erkennen. Weil $Q_0$ ein bestimmter Punkt von $C_1C_2$ ist, müssen $g_0$ und $C_1C_2$ sich begegnen, auf $g_0$ liegt $S_0$ aber beliebig. Bildet man jetzt die Einsprojektion, so sieht man ohne weiteres, daß $g_{01}$ durch $C_2$ hindurchgeht, daß $Q_{01}$ mit $C_2$ zusammenfällt, daß aber $S_{01}$, $R_{01}$ und $S_1$ beliebig sind. (Es kann natürlich $g_{01}$ durch $C_2$ hindurchgehen, ohne daß $Q_{01}$ auf $C_2$ fällt; dann hat $g$ mit der Ebene $CC_1C_2$ einen endlichen, anstatt einen unendlich fernen Punkt gemein.)

Auf der Geraden $C_1C_2$ gibt es nun drei ausgezeichnete Punkte, deren jeder seine spezielle Bedeutung hat, nämlich $C_1$, $C_2$ und der unendlich ferne. Fällt $Q_0$ auf $C_2$, so ist der Parallelstrahl $CC_2$ von $g$ in $R_3^c$ enthalten, $g$ selbst enthält somit einen unendlich fernen Punkt von $R_3^c$ und ist also zu diesem Raume parallel oder ganz in ihm enthalten, je nachdem $S_0$ nur in $R_3^p$ oder aber in $R_3^p$ und zugleich in $R_2^p$ liegt.

Ist $Q_0$ der unendlich ferne Punkt von $C_1C_2$, so ist dieser nämliche Punkt ein Punkt von $g$, und es ist also $g$ entweder parallel zum Raume $R_3^p$ oder ganz in demselben enthalten. Wählt man $S_0$ in $R_3^p$ beliebig, so enthält $g$ zwei verschiedene Punkte dieses Raumes und liegt also ganz in demselben; läßt man aber $S_0$ mit $Q_0$ zusammenfallen, so ist $g$ zu $R_3^p$ parallel; man hat dann eine Gerade, welche zu gleicher Zeit zu $R_3^p$ parallel und zu $R_2^p$ senkrecht und windschief ist.

Der wichtigste Fall ist aber $Q_0 = C_1$. Denn die Gerade $CC_1$ ist senkrecht zum Raume $R_3^p$ überhaupt; wir können also den folgenden Satz aussprechen:

*Sämtliche Gerade des Operationsraumes, welche senkrecht sind zu $R_3^p$, haben den nämlichen Fluchtpunkt $C_1$.*

Auf weitere Spezialfälle wollen wir hier nicht eingehen; auf die Fälle, wo $g$ parallel $R_3^p$ oder $R_2^p$ ist, kommen wir bei der Behandlung der Ebene kurz zurück. Zum Schlusse soll hier nur noch bemerkt werden, daß ein einzelner Punkt im $R_4$ bestimmt wird durch einen ihn enthaltenden Träger, und daß man durch eine geeignete Wahl desselben unter Umständen gewisse Konstruktionsvorteile erzielen kann.

§ 4. Mit Hilfe der in den vorhergehenden drei Nummern enthaltenen Entwickelungen kann nun bereits die Aufgabe gelöst werden, den Neigungswinkel $\varphi_3$ einer beliebigen Geraden $g$ mit $R_3^p$ zu konstruieren. Es ist dies der Winkel zwischen $g$ selbst und ihrer orthogonalen Projektion auf $R_3^p$.[1]) Weil aber die orthogonalen Projektionen paralleler Geraden auf $R_3^p$ selbst parallel sind,[2]) so genügt es, den Neigungswinkel $\varphi_3$ des durch $C$ gehenden Parallelstrahles von $g$ zu ermitteln. Dieser Parallelstrahl ist nullprojizierend und somit durch $Q_0$ allein bestimmt; $Q_0$ aber wird, entsprechend den Erörterungen des § 3, durch einen zu $R_2^p$ senkrechten Träger $t$ festgelegt (Fig. 2). Es ist nun $C_1$ die orthogonale Projektion von $C$ auf $R_3^p$ und somit $Q_0 C_1$ diejenige von $Q_0 C$, und es ist überdies der Winkel $C C_1 Q_0$ ein rechter, weil $C C_1$ senkrecht ist zu allen Geraden von $R_3^p$; wenn wir also das rechtwinklige Dreieck $C C_1 Q_0$ in wahrer Größe konstruieren können, so ist der darin enthaltene Winkel $C Q_0 C_1$ der gesuchte. Zu diesem Zwecke legen wir die den Träger $t$ enthaltende Ebene $C_1 C_2 Q_{01}$ mit diesem um ihre Spur $C_2 Q_{01}$ in $R_2^p$ um, wobei die Umlegung $(C_1)$ von $C_1$ auf den Distanzkreis fällt, und erhalten in der Strecke $(C_1)(Q_0)$ die wahre Länge von $C_1 Q_0$. Errichten wir also in $(C_1)$ auf $(C_1)(Q_0)$ ein Perpendikel $(C_1)(C)$ von der Länge $d$, so ist $(C)(C_1)(Q_0)$ die wahre Gestalt des $\triangle\ C C_1 Q_0$ in $R_4$, und somit der Winkel am Punkte $(Q_0)$ der gesuchte.

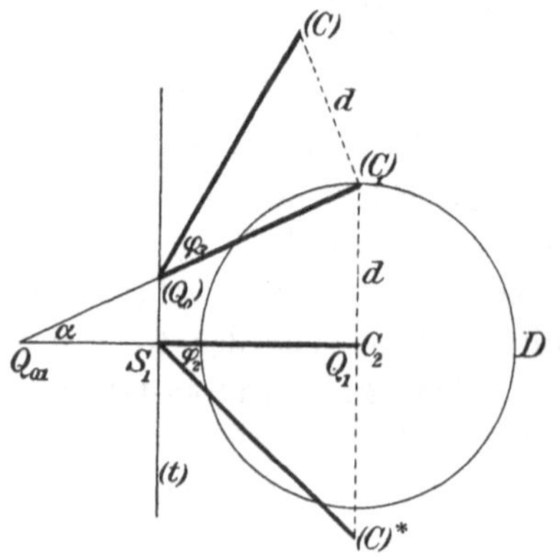

Fig. 2.

Es ist die Gerade $C C_1$ senkrecht zu allen durch $C_1$ hindurchgehenden und in $R_3^p$ enthaltenen Geraden; tragen wir auf alle diese Geraden von $C_1$ an die Strecke $C_1 Q_0$ der Fig. 2 ab, so entsteht eine

[1]) P. H. Schoute, l. c. S. 68.

[2]) P. H. Schoute, l. c. S. 59.

Kugel von der Eigenschaft, daß die Verbindungslinien aller ihrer Punkte mit $C$ mit $R_3^p$ den Winkel $\varphi_3$ einschließen, womit der folgende Satz bewiesen ist:

Die Fluchtpunkte sämtlicher Geraden des $R_4$, welche mit $R_3^p$ einen gegebenen Winkel $\varphi_3$ einschließen, liegen auf der Oberfläche einer mit der Distanzkugel konzentrischen Kugel.

Nennen wir dieselbe die zum Winkel $\varphi_3$ gehörige Neigungskugel[1]) und denken $\varphi_3$ veränderlich, so sehen wir, daß jede Kugel um $C_1$ als Mittelpunkt die zu einem bestimmten Winkel $\varphi_3$ gehörige Neigungskugel ist; insbesondere ist die Distanzkugel selbst die zu $\varphi_3 = 45^0$, der Punkt $C_1$ die zu $\varphi_3 = 90^0$ gehörige (§ 3).

Ebenso leicht wie $\varphi_3$ läßt sich auch der Winkel $\varphi_2$ ermitteln, den eine beliebige Gerade des $R_4$ mit der Bildebene $R_2^p$ einschließt. Allerdings sind diese beiden Gebilde im allgemeinen windschief zueinander, allein dies schadet hier ebensowenig, wie wenn im $R_3$ zwei Gerade zueinander windschief sind. An Stelle der Geraden selbst betrachten wir wieder den Parallelstrahl $CQ_0$; wir projizieren die endliche Strecke $CQ_0$ orthogonal auf $R_2^p$ und bilden nachher ein rechtwinkliges Dreieck aus der Projektion als einer Kathete und $CQ_0$ selbst als Hypotenuse; der eingeschlossene Winkel ist $\varphi_2$.[2]) Nun ist (Fig. 2) die orthogonale Projektion von $Q_0$ auf $R_2^p$ der Punkt $S_1$, diejenige von $C$ aber $C_2$ (§ 2, am Schlusse), und es ist somit $S_1 C_2$ die Projektion von $CQ_0$; die wahre Länge von $CQ_0$ aber ist oben ermittelt und gleich $(C)(Q_0)$ gefunden worden; das $\triangle\, C_2 S_1 (C)^*$, dessen Hypotenuse gleich $(C)(Q_0)$ gemacht worden ist, enthält also den Winkel $\varphi_2$.

Es existiert eine sehr einfache Beziehung zwischen $\varphi_3$, $\varphi_2$ und dem Winkel $\alpha$, den die Gerade $C_1 Q_0$ mit $R_2^p$ einschließt. Es ist nämlich:

$$\cos\varphi_2 = \frac{S_1 C_2}{S_1 (C)^*} = \frac{S_1 C_2}{C Q_0} = \frac{C_1 Q_0 \cdot \cos\alpha}{C Q_0} = \cos\varphi_3 \cdot \cos\alpha\,,$$

und hieraus ergibt sich, daß $\varphi_2$ in der Regel größer ist als $\varphi_3$ und nur für $\alpha = 0$ gleich $\varphi_3$ werden kann. Dies hat seinen Grund darin, daß der Neigungswinkel einer Geraden mit einem Raume ein absolutes Minimum ist,[3]) also kleiner als der Winkel, den sie mit irgend einer zu ihrer Projektion nicht parallelen Geraden einschließt; der Winkel aber zwischen $CQ_0$ und $R_2^p$ hat eben zum zweiten Schenkel eine Gerade der letzteren Art. Nur für $\alpha = 0$ wird dieser zweite Schenkel

[1]) Vgl. W. Fiedler, l. c. S. 8.
[2]) P. H. Schoute, l. c. S. 69 und 59.
[3]) P. H. Schoute, l. c. S. 69.

zur Projektion parallel, und für $\alpha = 90^0$ liegt $Q_0$ auf $C_1 C_2$ und ist somit die Gerade $g \perp R_2^p$ (§ 3); in der Tat ergibt dann unsere Formel $\varphi_2 = 90^0$, während $\varphi_3$ beliebig bleiben kann.

Wenn der Winkel $\varphi_3$ kleiner ist als $45^0$, so schneidet die zugehörige Neigungskugel die Ebene $R_2^p$ in einem Kreise um $C_2$ als Mittelpunkt; die Verbindungslinien der Punkte dieses Kreises mit $C$ sind im Raume $R_3^c$ enthalten und schließen mit $R_3^p$ den Winkel $\varphi_3$ ein. Weshalb gibt es nun keine solche Geraden für $\varphi_3 > 45^0$? Die Antwort ist sehr einfach. Wir sahen bereits am Schlusse des § 2, daß die Ebene $C C_1 C_2$ vollständig normal ist zu $R_2^p$; $R_2^p$ aber ist der Schnitt von $R_3^p$ und $R_3^c$, folglich enthält $C C_1 C_2$ die zu $R_3^p$ und resp. $R_3^c$ normalen Richtungen, und weil sie $R_3^p$ in der Geraden $C_2 C_1$ und $R_3^c$ in $C_2 C$ schneidet, so ist der Winkel $C C_2 C_1$ der Neigungswinkel dieser beiden Räume;[1]) das Dreieck $C C_1 C_2$ ist aber gleichschenklig rechtwinklig am Punkte $C_1$, folglich ist $\angle\, C C_2 C_1 = 45^0$. Also:

Die Räume $R_3^p$ und $R_3^c$ schließen einen Winkel von $45^0$ ein.

Dieser Winkel ist nun aber der größte, den eine Gerade des einen Raumes mit ihrer Projektion auf den andern bilden kann; dies ist also der Grund, weshalb es in $R_3^c$ keine Geraden gibt, die mit $R_3^p$ einen Winkel $\varphi_3 > 45^0$ einschließen.

Zum Schlusse bemerken wir noch, daß man für die Geraden von $R_3^c$ und in bezug auf die Ebene $R_2^p$ ein System von Neigungskreisen aufstellen könnte, wie dies für $R_3^p$ üblich ist; der zum Winkel von $45^0$ gehörige wäre dann der Kreis um $C_2$ als Mittelpunkt vom Radius $C_2 C = d\sqrt{2}$, und der zu einem beliebigen Winkel $\varphi_2$ gehörige würde den Radius $C_2 C \cdot \operatorname{cotg} \varphi_2$ oder $d\sqrt{2} \cdot \operatorname{cotg} \varphi_2$ erhalten. Halten wir den Winkel $\varphi_2$ fest, ersetzen aber $R_2^p$ durch eine zu ihr parallele, ebenfalls in $R_3^p$ liegende Ebene $R_2$, so gibt es in dem durch $R_2$ und $C$ bestimmten Raume $R_3$ wiederum ein System von Geraden durch $C$, welche mit $R_2$ den Winkel $\varphi_2$ einschließen, und diese Geraden schneiden $R_2$ in den Punkten eines gewissen Kreises um den Fußpunkt des aus $C$ auf $R_2$ gefällten Lotes als Mittelpunkt. Dieser Fußpunkt ist der Schnittpunkt von $R_2$ mit der Ebene durch $C$, welche vollständig normal ist zu $R_2$, und diese Ebene ist keine andere als $C C_1 C_2$, denn $R_2$ ist parallel zu $R_2^p$; $R_2$ aber liegt in $R_3^p$, und $C C_1 C_2$ hat mit diesem Raume nur die Gerade $C_1 C_2$ gemein, der Fußpunkt des Lotes aus $C$ auf $R_2$ ist also einfach der Schnittpunkt $A$ von $R_2$ mit $C_1 C_2$, und der Radius des zu $\varphi_2$ gehörigen Neigungskreises ist $A C \cdot \operatorname{cotg} \varphi_2$. Nun ist klar, daß die Geraden durch $C$, welche $R_2$ unter einem Winkel $\varphi_2$

[1]) P. H. Schoute, l. c. S. 77.

schneiden, auch mit $R_2^p$ den Winkel $\varphi_2$ bilden, wenngleich sie zu dieser Ebene windschief sind; es hat also der Ort der Fluchtpunkte aller Geraden des Operationsraumes, welche mit $R_2^p$ den Winkel $\varphi_2$ einschließen, die Eigenschaft, von jeder Ebene in $R_3^p$ und parallel $R_2^p$ in einem reellen Kreise geschnitten zu werden, dessen Mittelpunkt auf $C_1 C_2$ liegt; dieser Ort ist somit ein einschaliges Rotationshyperboloid um $C_1 C_2$ als Achse, denn für die Ebene durch $C_1 \parallel R_2^p$ als $xy$-Ebene und $A C_1 = z$ hat man in dem am Punkte $C_1$ rechtwinkligen Dreieck $C C_1 A$, $A C = \sqrt{z^2 + d^2}$ und somit für irgend einen Punkt der Fläche: $x^2 + y^2 = (z^2 + d^2) \operatorname{cotg}^2 \cdot \varphi_2$. Die Kehlkreisebene geht durch den Punkt $C_1$; denn weil der Winkel $C C_1 C_2$ ein rechter ist, so ist $C C_1$ die kürzeste Entfernung von $C$ bis zur Geraden $C_1 C_2$, d. h. es wird $CA$ und somit auch der Radius des Neigungskreises ein Minimum, nämlich $d \operatorname{cotg} \varphi_2$, für $A$ in $C_1$. Also:

„Der Ort der Fluchtpunkte aller Geraden des Operationsraumes, welche mit $R_2^p$ den Winkel $\varphi_2$ einschließen, ist ein einschaliges Rotationshyperboloid mit der Geraden $C_1 C_2$ als Achse und $C_1$ als Mittelpunkt."

Wir wollen es das zum Winkel $\varphi_2$ gehörige Neigungshyperboloid nennen; es schneidet $R_2^p$ in dem oben genannten Neigungskreise, und es gibt natürlich ein ganzes System solcher Flächen entsprechend den verschiedenen Werten von $\varphi_2$. Verbindet man irgend eine Gerade der Regelschar $a$ oder $b$ des Hyperboloides durch eine Ebene mit $C$, so hat dieselbe die Eigenschaft, daß alle ihre durch $C$ gehenden Geraden, und somit alle ihre Geraden überhaupt, mit $R_2^p$ den Winkel $\varphi_2$ bilden. Daß es solche Ebenen überhaupt gibt kann uns nicht wundernehmen, wenn wir uns erinnern, daß es Ebenen gibt, deren sämtliche Geraden senkrecht sind zu einer andern Ebene;[1]) wie wir sehen, gibt es durch $C$ sogar zwei Systeme solcher Ebenen, und je zwei Ebenen desselben Systems haben nur den Punkt $C$ gemein, je zwei verschiedener Systeme aber eine Gerade, und der $R_3$, in dem sie infolgedessen liegen, schneidet $R_3^p$ in einer Tangentialebene des Hyperboloids, usf.

Soll eine Gerade mit $R_3^p$ den Winkel $\varphi_3$ und mit $R_2^p$ den Winkel $\varphi_2$ einschließen, so muß ihr Fluchtpunkt auf der zu $\varphi_3$ gehörigen Neigungskugel und zugleich auf dem zu $\varphi_2$ gehörigen Neigungshyperboloide liegen, d. h., wie leicht zu sehen, auf einem von zwei zur Kehlkreisebene symmetrisch liegenden Kreisen. Es darf dann aber der Radius der Neigungskugel, d. h. $d \operatorname{cotg} \varphi_3$, nicht kleiner sein als derjenige des

---

[1]) Vgl. andererseits § 15.

Kehlkreises, also $d \cot g \varphi_2$, d. h. es muß $\varphi_3 \leqq \varphi_2$ sein, was mit der Minimumeigenschaft des Winkels $\varphi_3$ im Einklange ist.

§ 5. Wir gehen über zur Betrachtung einer in $R_4$ beliebig angenommenen Ebene $\varepsilon$ (Fig. 3) und fügen gleich die durch $C$ gehende Parallelebene hinzu; $\varepsilon$ selbst schneidet $R_3^p$ in einer Geraden $s$, der Spur, die mit ihrer Nullprojektion zusammenfällt und gleich von Anfang an mit $s_0$ bezeichnet werden soll, und die Parallelebene schneidet $R_3^p$ in der zur Spur parallelen Fluchtlinie $q_0$, der Nullprojektion der unendlich fernen Geraden von $\varepsilon$. Ebene und Parallelebene liegen zusammen in einem nullprojizierenden $R_3$, und dieser schneidet $R_3^p$ in einer Ebene $\varepsilon_0$, der Nullprojektion von $\varepsilon$. Diese Ebene $\varepsilon_0$ hat im allgemeinen in $R_3^p$ eine beliebige Lage und enthält natürlich die beiden Geraden $s_0$ und $q_0$; sie schneidet $R_2^p$ in einer Geraden $s_1$, und ihre Parallelebene durch $C_1$ schneidet $R_2^p$ in einer zu $s_1$ parallelen Geraden, welche die Einsprojektion der unendlich fernen Geraden von $\varepsilon_0$, und somit die Nulleinsprojektion der Verschwindungslinie $r$ von $\varepsilon$ selbst ist (vgl. § 3, am Anfang), und deshalb die Bezeichnung $r_{01}$ erhalten muß.

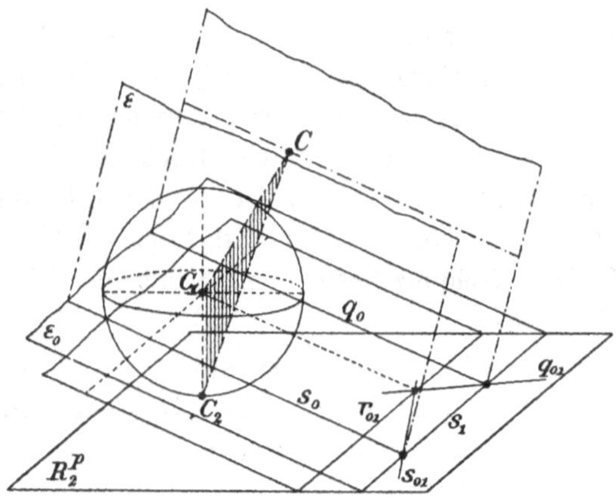

Fig. 3.

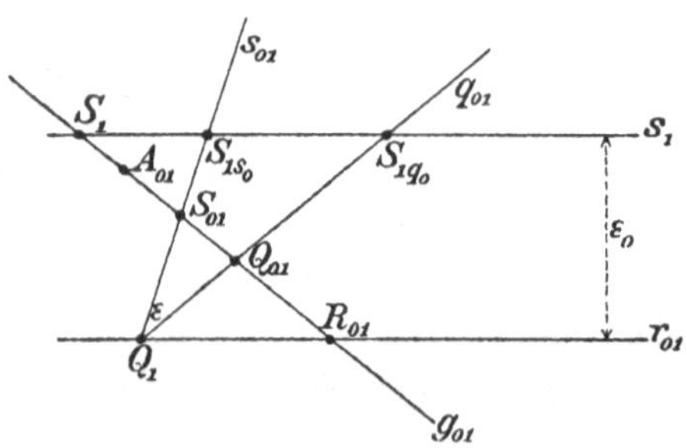

Fig. 4.

Die Projektion $\varepsilon_{01}$ von $\varepsilon$ überdeckt natürlich die ganze Ebene $R_2^p$; in dieser haben wir zwei parallele Gerade $s_1$ und $r_{01}$ (Fig. 3, 4), welche die Lage von $\varepsilon_0$ in $R_3^p$, und überdies noch zwei andere Gerade $s_{01}$ und $q_{01}$, welche die Lage von $\varepsilon$ selbst in $R_4$ bestimmen; dieselben schneiden sich in einem Punkte von $r_{01}$, dem gemeinschaftlichen Fluchtpunkte von $s_0$ und $q_0$, und treffen $s_1$ in zwei verschiedenen Punkten, den Durchstoßpunkten von $s_0$ und $q_0$ mit $R_2^p$. Wie leicht zu sehen ist durch diese Daten $\varepsilon$ bestimmt. Und sowie die Gerade $r_{01}$, so hat auch jezt wieder die Spur $s_1$ von $\varepsilon_0$ eine einfache Bedeutung, denn sie ist die direkte Projektion aus $C$ auf $R_2^p$ der Schnittlinie $s^c$ des Raumes $R_3^c$ mit der Ebene $\varepsilon$.

Eine Gerade $g$ liegt in $\varepsilon$ (Fig. 4), wenn ihre Punkte $S_1$, $R_{01}$, $S_{01}$, $Q_{01}$ auf den entsprechenden Geraden von $\varepsilon$ liegen; es ist aber auch der Fall denkbar, daß $S_1$ auf $s_1$, $R_{01}$ auf $r_{01}$ liegt, ohne daß $S_{01}$ und $Q_{01}$ auf $s_{01}$ und $q_{01}$ liegen; dann liegt $g_0$ in $\varepsilon_0$, ohne daß $g$ in $\varepsilon$ liegt, d. h. es ist $g$ eine beliebige Gerade des Raumes $C\varepsilon_0$, des nullprojizierenden Raumes von $\varepsilon$, usw.

Es kann die Ebene $\varepsilon$ nun wieder eine ganze Reihe von speziellen Lagen einnehmen, von denen aber nur die folgenden hervorgehoben werden sollen:

1. $\varepsilon$ ist nullprojizierend; $s_0$ und $q_0$ fallen zusammen, und diese Gerade stellt zugleich $\varepsilon_0$ dar; sie wird durch Durchstoßpunkt und Fluchtpunkt in bezug auf $R_2^p$ und $C_1$ weiter bestimmt, und die Verbindungslinie dieser beiden Punkte ist $\varepsilon_{01}$.

2. $\varepsilon$ ist einsprojizierend; $s_0$ enthält den Punkt $C_1$, $q_0$ ist beliebig. $\varepsilon_0$ enthält den Punkt $C_1$, und $\varepsilon_{01}$ ist somit eine Gerade; auf derselben liegen Durchstoßpunkt und Fluchtpunkt von $q_0$, und der Fluchtpunkt von $q_0$ stellt Durchstoß- und Fluchtpunkt von $s_0$ dar..

3. $\varepsilon$ enthält die Gerade $CC_1$, also die Richtung senkrecht zu $R_3^p$, und ist somit halb senkrecht[1]) zu $R_3^p$, und dies ist der höchste Orthogonalitätsgrad, den eine Ebene im $R_4$ in bezug auf einen $R_3$ desselben erreichen kann; $s_0$ und $q_0$ fallen zusammen in eine Gerade durch $C_1$, und $\varepsilon_{01}$ ist somit ein Punkt. In diesem Falle ist die Ebene also bestimmt durch einen einzigen Punkt von $R_2^p$. Ist $\varepsilon$ bloß parallel zu $CC_1$, so geht bloß $q_0$ durch $C_1$, während $s_0$ beliebig bleibt. In beiden Fällen ist $\varepsilon$ auch halb senkrecht zu $R_2^p$.

4. $\varepsilon$ geht durch $C_1C_2$ und ist also wieder halb senkrecht zu $R_2^p$. Die Gerade $C_1C_2$ ist $s_0$, $q_0$ ist also ebenfalls $\perp R_2^p$ und somit auch $\varepsilon_0$; $\varepsilon_{01}$ ist eine Gerade durch $C_2$.

5. $\varepsilon$ enthält die Punkte $C$, $C_1$, $C_2$ oder ist parallel zur Ebene $CC_1C_2$. In beiden Fällen ist sie vollständig normal zu $R_2^p$; $q_0$ ist $C_1C_2$, und $s_0$ ist dazu parallel oder fällt mit $q_0$ zusammen; $\varepsilon_0$ ist eine Ebene oder eine Gerade, $\varepsilon_{01}$ eine Gerade durch $C_2$ oder der Punkt $C_2$ selbst.

6. Es sei $\varepsilon \parallel R_3^p$. Die unendlich ferne Gerade von $\varepsilon$ ist sowohl $s_0$, $q_0$, wie $r_0$; $\varepsilon_0$ ist zwar eine beliebige Ebene, aber bei $\varepsilon_{01}$ fallen

[1]) P. H. Schoute, l. c. S. 49.

$s_{01}$, $q_{01}$ und $r_{01}$ zusammen, während $s_1$ zu dieser Geraden parallel ist; es ist also zwar $\varepsilon_0$, nicht aber $\varepsilon$ selbst bestimmt. Wählen wir nun aber, wie in der Fig. 4, eine Gerade $S_1 R_{01} S_{01} Q_{01}$ in $\varepsilon_{01}$ und auf derselben einen Punkt $A_{01}$, so haben wir genau den oben kurz erläuterten Fall vor uns, wo $S_1$ und $R_{01}$ auf $s_1$ und $r_{01}$ liegen, ohne daß $S_{01}$ und $Q_{01}$ auf $s_{01}$ und $q_{01}$ liegen (denn diese beiden letzteren Geraden liegen ja auf $r_{01}$); die Gerade $g$ liegt also zwar im Raume $C\varepsilon_0$ — in welchem natürlich auch $\varepsilon$ liegen muß —, nicht aber in $\varepsilon$. Durch die Festsetzung, es solle $\varepsilon$ den Punkt $A$ enthalten, ist also die Bestimmung vollendet. Ist $\varepsilon$ nicht nur $\parallel R_3^p$, sondern sogar $\parallel R_2^p$, so muß auch die Ebene $\varepsilon_0$ durch einen Punkt mit Träger bestimmt werden, denn dann wird auch $\varepsilon_0 \parallel R_2^p$.

Fügen wir hier jetzt auch noch hinzu die Bestimmung einer Geraden, welche $\parallel R_3^p$ oder $R_2^p$ ist (vgl. § 3, am Schlusse). Es sei $g$ zunächst nur $\parallel R_3^p$. Denken wir durch $g$ eine beliebige Ebene $\varepsilon$, so laufen im $R_4$ $s$, $q_0$ und $g$, und also in $R_3^p$ $s_0$, $q_0$ und $g_0$ parallel, und die letzten drei Geraden liegen in einer Ebene $\varepsilon_0$. Diese Ebene ist für $R_3^p$ eine beliebige und wird also wie in Fig. 4 bestimmt durch $s_1$ und $r_{01}$; aber die drei Geraden $s_{01}$, $q_{01}$, $g_{01}$ müssen sich in demselben Punkte von $r_{01}$ begegnen. Ist $g$ überdies noch $\parallel R_2^p$, so werden auch $s_0$, $q_0$, $g_0 \parallel R_2^p$, d. h. alle fünf Geraden $s_{01}$, $q_{01}$, $g_{01}$, $s_1$, $r_{01}$ werden untereinander parallel. Man sieht aber sofort ein, daß auch in diesem Falle die eindeutige Bestimmung von $g$ völlig gesichert ist.

§ 6. Das Problem, den Neigungswinkel $\varphi_3$ einer Ebene $\varepsilon$ mit $R_3^p$ zu bestimmen, wird auf folgende sehr einfache Weise gelöst. Wir betrachten die Parallelebene $Cq_0$ und bedenken, daß der Winkel dieser Ebene mit $R_3^p$ identisch ist mit dem Neigungswinkel der Ebene mit ihrer orthogonalen Projektion[1] auf $R_3^p$; diese orthogonale Projektion aber ist nichts anderes als die Ebene $C_1 q_0$. Nun ist $CC_1 \perp R_3^p$ und somit auch $\perp q_0$; fällen wir also aus $C_1$ das Perpendikel $C_1 Q_0$ auf $q_0$, so ist in dem rechtwinkligen Dreiecke $C C_1 Q_0$ der Winkel am Punkte $Q_0$ der gesuchte. Nun ist die Bestimmung der senkrechten Entfernung des Punktes $C_1$ von der Geraden $q_0$ ein bekanntes dreidimensionales Problem,[2] während $CC_1 = d$ ist; die Aufgabe darf also als erledigt betrachtet werden.

Es ist der Punkt $Q_0$, entsprechend den Erörterungen des § 4, ein Punkt der zum Neigungswinkel $\varphi_3$ gehörigen Neigungskugel, wäh-

---

[1]) P. H. Schoute, l. c. S. 79.

[2]) W. Fiedler, l. c. S. 32, Aufg. 2.

rend $q_0$, weil sie senkrecht ist zum Radius $C_1 Q_0$, diese Kugel berührt. Es ist also der Satz bewiesen:

„Die Fluchtlinien aller Ebenen des $R_4$, welche mit $R_3^\varrho$ einen Winkel $\varphi_3$ einschließen, sind die Tangenten der zu diesem Winkel gehörigen Neigungskugel."

Weit komplizierter wird das Problem, wenn wir fragen nach den beiden Neigungswinkeln der Ebenen $\varepsilon$ oder $Cq_0$ mit $R_2^\varrho$, denn weil $Cq_0$ und $R_2^\varrho$ nur einen einzigen Punkt, nämlich den Schnittpunkt von $q_0$ mit $R_2^\varrho$, gemein haben, so sind hier zwei Neigungswinkel, ein minimaler und ein maximaler, zu erwarten.[1]) Wir werden späterhin (§ 14) dieses Problem auf sehr einfache Weise lösen, indem wir es als Spezialfall des allgemeinen Problems der Neigungswinkel zweier beliebiger Ebenen auffassen; hier geben wir eine Lösung, welche sich stützt auf die § 4 aufgefundenen Neigungshyperboloide, und welche uns einerseits das System dieser Hyperboloide näherführt, andererseits einen neuen Beweis liefert für die Existenz zweier Neigungswinkel.

Die den verschiedenen Werten von $\varphi_2$ entsprechenden Neigungshyperboloide bilden ein Büschel, allerdings mit vollständig imaginärer Grundkurve, denn aus ihrer Natur als Neigungshyperboloide ergibt sich ohne weiteres, daß sie nie einen reellen Punkt gemein haben können; vielmehr liegt, wenn wir denjenigen Raumteil, der die gemeinschaftliche Rotationsachse $C_1 C_2$ enthält, das Innere nennen, von je zwei derselben das eine immer vollständig innerhalb des andern. Am einfachsten gelangen wir nun zu der Entdeckung des Büschels, wenn wir die Gleichung des Systems aufstellen. Betrachten wir (vgl. § 4) die durch $C_1$ parallel $R_2^\varrho$ gehende Kehlkreisebene als $xy$-Ebene, $C_1 C_2$ als die $z$-Achse und bedenken, daß der Kehlkreis den Radius $d \operatorname{cotg}\varphi_2$, der Querschnitt mit $R_2^\varrho$ oder $z = -d$ den Radius $d\sqrt{2}\cdot\operatorname{cotg}\varphi_2$ hat, so finden wir wieder leicht als die Gleichung der Fläche:

$$\frac{x^2 + y^2}{d^2 \operatorname{cotg}^2 \varphi_2} - \frac{z^2}{d^2} = 1\,,$$

oder:

$$(x^2 + y^2) - \operatorname{cotg}^2 \cdot \varphi_2 (z^2 + d^2) = 0\,,$$

und hieraus ergibt sich, daß sämtliche Neigungshyperboloide durch den Querschnitt der beiden Flächen $x^2 + y^2 = 0$ und $z^2 + d^2 = 0$ hindurchgehen. Jede dieser beiden Flächen hat ihre spezielle Bedeutung; die erste setzt sich zusammen aus den beiden isotropen Ebenen durch die $z$-Achse oder die Gerade $C_1 C_2$, sie ist das zum Winkel $\varphi_2 = 90^0$ gehörige Neigungshyperboloid und reduziert sich praktisch auf die Gerade

[1]) P. H. Schoute, l. c. S. 72.

$C_1 C_2$; die andere setzt sich zusammen aus den beiden Ebenen $z = +di$ und $z = -di$, sie ist das Hyperboloid für die Neigung $\varphi_2 = 0$ und reduziert sich praktisch auf die unendlich ferne Gerade von $R_2^g$.

Betrachten wir jetzt unsere Fluchtlinie $q_0$. Dieselbe schneidet das Büschel der Neigungshyperboloide in einer quadratischen Punktinvolution, die immer hyperbolisch ist, weil von je zwei Flächen des Büschels die eine immer ganz innerhalb der andern liegt, so daß ein Übereinandergreifen der Punktepaare ausgeschlossen ist, und die somit zwei stets reelle Doppelpunkte besitzt, in deren jedem $q_0$ von einem Hyperboloide berührt wird. Von diesen liegt das eine ganz innerhalb des andern; nennen wir den Berührungspunkt mit dem inneren $Q_0$, mit dem äußeren $Q_0^*$, und ist der zum inneren gehörige Winkel $\varphi_2$, der andere $\varphi_2^*$, so ist erstens $\varphi_2 > \varphi_2^*$, und zweitens wird $q_0$ weder von Hyperboloiden für Winkel größer als $\varphi_2$, noch von solchen für Winkel kleiner als $\varphi_2^*$ geschnitten; unter allen Geraden der Ebene $Cq_0$ bilden also diejenigen von der Richtung $CQ_0$ mit $R_2^g$ den maximalen Winkel $\varphi_2$, diejenigen von der Richtung $CQ_0^*$ den minimalen $\varphi_2^*$, d. h. es sind $CQ_0$ und $CQ_0^*$ die in $Cq_0$ liegenden Schenkel der beiden Neigungswinkel, und es handelt sich also nur noch um die Auffindung der Punkte $Q_0$, $Q_0^*$. Dazu dienen nun am besten gerade die beiden imaginären Flächen $x^2 + y^2 = 0$ und $z^2 + d^2 = 0$. Jedes dieser Ebenenpaare schneidet $q_0$ in einem imaginären Punktepaar, und von der durch diese Punktepaare bestimmten Involution suchen wir die Doppelpunkte; weil aber die Punktepaare selbst imaginär sind, so braucht jedes für sich zu seiner Bestimmung eine reelle elliptische Punktinvolution, und die Doppelpunkte der Involution, um die es sich handelt, bilden dann das gemeinsame Paar der beiden diese letztere bestimmenden Hilfsinvolutionen. Welches sind nun diese Hilfsinvolutionen? Die die beiden Ebenen $x^2 + y^2 = 0$ bestimmende ist die Rechtwinkelinvolution $\dot{I}_r$ um $C_1 C_2$, die andere $\dot{I}_h$ wird bestimmt durch die beiden Ebenen $z = 0$, $z = \infty$ als das eine, die Ebenen $z = \pm d$ als das zweite Paar, d. h. durch die Ebene durch $C_1 \parallel R_2^g$ und die unendlich ferne von $R_2^g$ als ein Paar, $R_2^g$ selbst und die obere Tangentialebene der Distanzkugel als das zweite. $\dot{I}_r$ und $\dot{I}_h$ schneiden nun in $q_0$ zwei elliptische Punktinvolutionen ein; projizieren wir dieselben aus der Achse $C_1 C_2$, so erhalten wir natürlich $\dot{I}_r$ wieder zurück, an die Stelle von $\dot{I}_h$ aber tritt eine andere, $\dot{I}$, und die Aufgabe ist jetzt reduziert auf die Bestimmung des gemeinsamen Paares der beiden Ebeneninvolutionen $\dot{I}_r$ und $\dot{I}$, oder noch einfacher, auf die Bestimmung des Rechtwinkelpaares der letzteren.

Wenn nun schon diese Auseinandersetzung etwas umständlich gewesen ist, so ist dafür die praktische Durchführung der Konstruktion um so einfacher und kürzer. Ist $q_0$ bestimmt durch ihre Einsprojektion $q_{01}$ (Fig. 5) mit Durchstoß- und Fluchtpunkt $S_1$ und $Q_1$, so ist die Gerade durch $S_1 \parallel C_2 Q_1$ die orthogonale Projektion $q_0'$ von $q_0$ auf $R_2^p$. Legen wir jetzt die Ebene $q_0 q_0'$ um $q_0'$ in $R_2^p$ um und schneiden in $(q_0)$ die Punkte $A, A_1, B, B_{1\infty}$ in den Höhen $0, 2d, d, \infty$ oberhalb $R_2^p$ ein, so erhalten wir auf diese Weise die von $\dot{I}_h$ in $q_0$ eingeschnittene Involution, samt deren orthogonale Projektion $AA_1'$, $B'B_{1\infty}'$ auf $R_2^p$; diese letztere projizieren wir aus $C_2$ mittels der Strahleninvolution $a, a_1; b, b_1$, und von dieser suchen wir in bekannter Weise, nämlich mittels des Poles $P$ der zugehörigen Punktinvolution auf einem Hilfs-

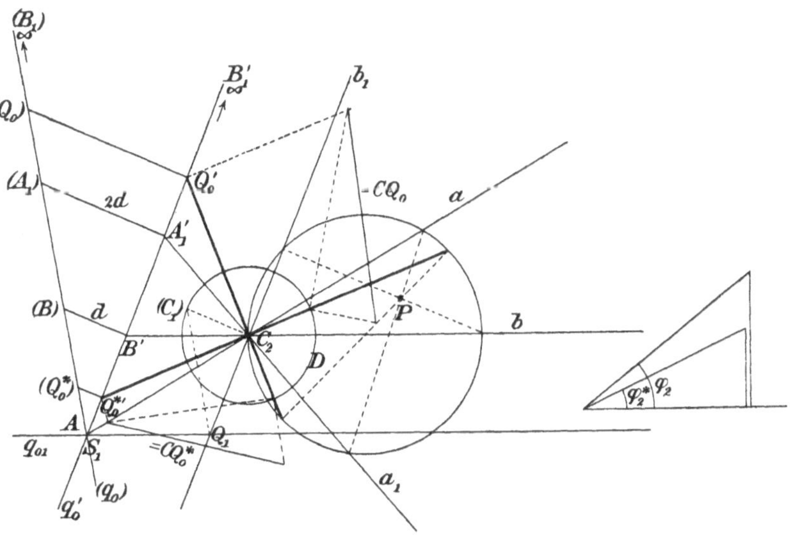


Fig. 5.

kreise,[1]) das Rechtwinkelpaar; dieses liefert sofort die Punkte $Q_0', Q_0^{*\prime}$ und ihre Umlegungen, d. h. ihre Entfernung von $R_2^p$. Werden jetzt wie in Fig. 2 die wahren Längen $CQ_0$ und $CQ_0^*$ konstruiert, so findet man die beiden Neigungswinkel $\varphi_2$, $\varphi_2^*$ wie im § 4. Die beiden der Annahme der Fig. 5 entsprechenden Werte sind derselben beigefügt.

Wenn wir die Ebene $R_2^p$ mit den darin enthaltenen Geraden $C_2 Q_0'$, $C_2 Q_0^{*\prime}$ parallel sich selbst bis nach dem Punkte $C$ im $R_4$ verschieben, so bilden die verschobenen Geraden mit $CQ_0$ und resp. $CQ_0^*$ wiederum die beiden Neigungswinkel $\varphi_2$, $\varphi_2^*$. Unsere Konstruktion führt nun sofort zu dem bekannten Satze, daß die Ebenen dieser beiden Neigungswinkel vollständig normal zueinander sind.[2])

---

[1]) W. Fiedler, l. c. S. 156, Nr. 5.

[2]) P. H. Schoute, l. c. S. 72.

Denn es ist $C_2 Q_0' \perp C_2 Q_0^{*\prime}$, also auch senkrecht zur Ebene $C_1 C_2 Q_0^{*\prime}$ und somit auch $\perp C_1 Q_0^*$. $C_2 Q_0'$ ist aber auch $\perp C C_1$, weil diese letztere Gerade ja senkrecht zu $R_3^p$ ist, folglich ist $C_2 Q_0'$ senkrecht zur Ebene $C C_1 Q_0^*$ und also auch $\perp C Q_0^*$; es ist also $C_2 Q_0'$ senkrecht $C_2 Q_0^{*\prime}$ und senkrecht $C Q_0^*$, also auch senkrecht zur Ebene des Winkels $\varphi_2^*$. Natürlich wird ebenso bewiesen, daß $C_2 Q_0^{*\prime}$ senkrecht ist zur Ebene des Neigungswinkels $\varphi_2$; wenn wir also auch noch beweisen können, daß $\angle Q_0 C Q_0^*$ ein rechter ist, so ist damit gezeigt, daß von den vier Schenkeln der beiden Neigungswinkel jeder senkrecht ist zur Ebene des andern Winkels, d. h. also, daß die Ebenen selbst vollständig normal zueinander sind. Zu diesem Zwecke heben wir nun die folgende eigentümliche Eigenschaft des Büschels der Neigungshyperboloide hervor:

„Jede Gerade des $R_3^p$ (außer natürlich denjenigen, die auf einer der Flächen selbst liegen) schneidet das Büschel der Neigungshyperboloide in einer hyperbolischen Punktinvolution, die von $C$ aus durch eine sogenannte symmetrische[1]) (oder gleichseitig-hyperbolische[2])) Strahleninvolution projiziert wird.“

Dieser Satz sagt eben nichts anderes aus, als daß die beiden Doppelstrahlen $CQ_0$, $CQ_0^*$ der betreffenden Involution aufeinander senkrecht stehen. Der Beweis ist sehr einfach. Außer den beiden speziellen imaginären Neigungshyperboloiden $x^2+y^2=0$ und $z^2+d^2=0$, welche bereits hervorgetreten sind, gibt es noch ein drittes, welches die Mühe der Betrachtung lohnt, nämlich $x^2+y^2+z^2+d^2=0$, eine imaginäre Kugel, welche dem Werte $\operatorname{cotg}^2\varphi_2=-1$, oder also $\operatorname{tg}\varphi_2=\pm i$ entspricht.

Betrachten wir nun die Gerade $C_1 C$ als eine vierte, in den $R_4$ hinausgehende Koordinatenachse, die $u$-Achse, und verbinden irgend einen Punkt $(x_0, y_0, z_0)$ des in Rede stehenden Hyperboloids mit dem Punkte $u=d$ (d. h. also mit $C$), so gelten, wie sofort ersichtlich, für jeden Punkt der Verbindungslinie die Beziehungen:

$$u:d=(x_0-x):x_0$$
$$u:d=(y_0-y):y_0$$
$$u:d=(z_0-z):z_0\,,$$

und wenn wir die hieraus sich ergebenden Werte von $x_0$, $y_0$, $z_0$ in $x^2+y^2+z^2+d^2=0$ substituieren, so erhalten wir als Gleichung des Ortes aller dieser Verbindungslinien:

$$x^2+y^2+z^2+(d-u)^2=0\,.$$

---

[1]) W. Fiedler, l. c. S. 157, Nr. 10.

[2]) H. Schröter, „Jakob Steiner's Vorlesungen über synthetische Geometrie“. II. 3. Aufl. S. 70.

Und wenn wir dann schließlich noch den Koordinatenraum $R_3^p$ parallel sich selbst bis zum Punkte $C$ verschieben, d. h. die Substitution $u = u' + d$ anwenden, so wird die Gleichung:

$$x^2 + y^2 + z^2 + u'^2 = 0,$$

und dies ist die Gleichung des Nullkugelraumes oder des absoluten Kegelraumes des $R_4$ und am Projektionszentrum $C$. Und hieraus ergibt sich nun folgendes: Irgend eine Gerade $q_0$ schneidet das Neigungshyperboloid $x^2 + y^2 + z^2 + d^2 = 0$ in einem Punktepaare der in Rede stehenden Involution; die Verbindungslinien dieser beiden Punkte aber mit $C$ sind isotrope Gerade der Ebene $Cq_0$; die Doppelstrahlen $CQ_0$ und $CQ_0^*$ der Involution am Punkte $C$ müssen zu diesen isotropen Geraden harmonisch sein, folglich sind sie untereinander senkrecht. $Q \cdot e \cdot d$. Und hiermit ist die vollständige Rechtwinkligkeit der beiden Neigungswinkelebenen begründet.

Es kann sich ereignen, daß die Involution $(a a_1, b b_1)$ der Figur 5 selbst rechtwinklig wird; dann werden $Q_0$ und $Q_0^*$ unbestimmt, und es wird also $q_0$ in jedem ihrer Punkte von einem Neigungshyperboloide berührt, d. h. sie liegt ganz auf einem derselben; dann besitzen $Cq_0$ und $R_2^p$ unendlich viele Neigungswinkel, aber diese sind alle gleich groß. Aus der Figur ergibt sich sofort wenn dies geschieht: erstens muß das Paar $b b_1$ rechtwinklig werden, d. h. es muß $B'$ der Fußpunkt des Perpendikels aus $C_2$ auf $q_0'$ sein, und das ist ja auch klar, denn wenn $q_0$ auf einem Neigungshyperboloide liegt, so muß die kürzeste Entfernung der beiden Geraden $C_1 C_2$ und $q_0$ in der Kehlkreisebene liegen, d. h. die Endpunkte dieser kürzesten Entfernung sind $C_1$ und $B$. Zweitens muß das Paar $a$, $a_1$ rechtwinklig werden; wegen $AB' = B'A_1'$ müssen $A$ und $A_1'$ die Schnittpunkte des um $B'$ mit dem Radius $B'C_2$ beschriebenen Kreises mit $q_0'$ sein. Es ist also sehr leicht, wenn $q_0'$ beliebig angenommen ist, $q_0$ selbst so zu wählen, daß sie auf einem der Hyperboloide liegt; man erhält zwei Lagen für $q_0$, entsprechend den beiden Geraden der Fläche in einer in einem Punkte des Kehlkreises berührenden Tangentialebene, und der zu dem betreffenden Hyperboloide gehörige Winkel $\varphi_2$ ist derjenige am Punkte $A$ oder $S_1$ in dem am Punkte $C_2$ rechtwinkligen Dreiecke $CC_2S_1$.

§ 7. Es soll die Lage eines im Operationsraume beliebig liegenden dreidimensionalen Raumes $R_3$ fixiert werden. $R_3$ und $R_3^p$ schneiden sich in einer Ebene $\sigma$, der **Spurebene** von $R_3$; dieselbe fällt mit ihrer Nullprojektion zusammen und soll also von nun an $\sigma_0$ heißen. Der Parallelraum zu $R_3$ durch $C$ schneidet $R_3^p$ ebenfalls in einer Ebene, welche als die Nullprojektion der unendlich fernen Ebene des $R_3$ angesehen werden kann und daher die Fluchtebene $\varkappa_0$ desselben heißen muß; die Ebenen $\sigma_0$ und $\varkappa_0$ sind parallel und werden somit bestimmt durch ihre Spuren $s_{1\sigma_0}$, $s_{1\varkappa_0}$ in $R_2^p$ und ihre gemeinschaftliche Fluchtlinie $q_1$ (Fig. 6). In letzter Linie wird also ein Raum im $R_4$ bestimmt durch drei parallele Gerade der Zeichnungsebene.

Soll eine Ebene im $R_3$ enthalten sein, so muß ihre Spur $s_0$ in $\sigma_0$, ihre Fluchtlinie $q_0$ in $\varkappa_0$ liegen; es begegnen sich also auf dem Blatte $s_{01}$ und $q_{01}$ auf $q_1$, während ihre Durchstoßpunkte mit $R_2^p$ auf $s_{1\sigma_0}$ und $s_{1\varkappa_0}$ liegen; und die Verbindungslinie derselben ist die Spur $s_{1\varepsilon^0}$ von $\varepsilon_0$, während deren Fluchtlinie $r_{01}$ durch $Q_1$ geht $\parallel s_{1\varepsilon_0}$.

Soll eine Gerade $g$ im $R_3$ enthalten sein, so muß $S_0$ in $\sigma_0$, $Q_0$ in $\varkappa_0$ liegen; man wird durch $g$ eine in $R_3$ enthaltene Ebene $\varepsilon$ legen und die eindeutige Bestimmung vollenden, wie aus Fig. 6 ersichtlich, entsprechend den bei der Figur 4 getroffenen Festsetzungen. Und wenn, was allerdings nur sehr ausnahmsweise vorkommen wird, ein einzelner Punkt des $R_3$ fixiert werden muß, so wird man durch denselben eine Gerade legen usw.

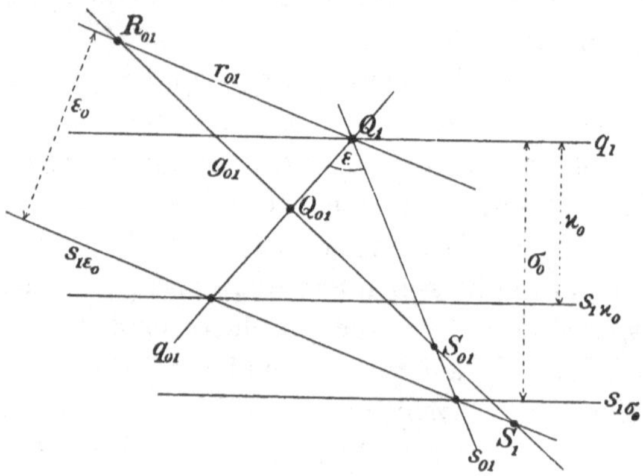


Fig. 6.

Ist $R_3$ nullprojizierend, so fallen $\sigma_0$ und $\varkappa_0$ zusammen, in der Zeichnungsebene vereinigen sich also $s_{1\sigma_0}$ und $s_{1\varkappa_0}$.

Ist $R_3$ einsprojizierend, im übrigen aber beliebig, so geht $\sigma_0$ durch $C_1$, während $\varkappa_0$ beliebig bleibt; es vereinigen sich also $s_{1\sigma_0}$ und $q_1$.

Enthält der Parallelraum die Gerade $CC_1$, so geht $\varkappa_0$ durch $C_1$, und es fallen also $s_{1\varkappa_0}$ und $q_1$ zusammen; $R_3$ ist $\frac{1}{3}$ senkrecht $R_2^p$, und ein höherer Orthogonalitätsgrad ist für zwei Räume im $R_4$ nicht erreichbar.[1])

Enthält der Parallelraum außer $CC_1$ auch noch die Gerade $C_1C_2$, so enthält er die ganze Ebene $CC_1C_2$, welche, wie wir wissen, vollständig normal ist zu $R_2^p$; es enthält also $R_2^p$ sämtliche Normalenrichtungen von $CC_1C_2$ und somit auch die Normalenrichtung zu $R_3$ (denn eine Senkrechte zu $R_3$ überhaupt ist natürlich auch senkrecht zur Ebene $CC_1C_2$), d. h. es sind $R_3$ und $R_2^p$ halb senkrecht zueinander,[1])

[1]) P. H. Schoute, l. c. S. 49.

während an dem Orthogonalitätsgrade zwischen $R_3$ und $R_3^p$ nichts geändert worden ist; $\varkappa_0$ enthält die Gerade $C_1C_2$, so daß $s_{1\varkappa_0}$ und $q_1$ zusammenfallen in eine Gerade durch $C_2$.

Es sei $R_3$ parallel $R_2^p$. Die unendlich ferne Gerade von $R_2^p$ liegt in $R_3$, $\sigma_0$ und $\varkappa_0$ werden also parallel $R_2^p$. Ist $R_3$ aber parallel $R_3^p$, so verschwinden $\sigma_0$ und $\varkappa_0$ völlig aus dem Endlichen, und es muß also $R_3$ bestimmt werden durch Punkt mit Träger; geht $R_3$ dann überdies noch durch $C$, so fällt er zusammen mit dem Verschwindungsraume $R_3^v$.

Die weiteren Spezialfälle übergehen wir, um uns gleich wieder zu der Frage nach dem Neigungswinkel eines $R_3$ mit $R_3^p$ zu wenden. Diese Aufgabe ist äußerst einfach: man fällt aus $C_1$ das Perpendikel auf $\varkappa_0$ und verbindet den Fußpunkt $Q_0$ mit $C$; das Dreieck $CC_1Q_0$ ist rechtwinklig am Punkte $C_1$, und der Winkel $CQ_0C_1$ ist der gesuchte, sagen wir wieder $\varphi_3$. Zunächst muß betont werden, daß hier wirklich nur ein Neigungswinkel zu erwarten ist, denn wenn auch zwei Räume im günstigsten Falle drei Neigungswinkel zulassen,[1]) so muß sich hier diese Anzahl um zwei Einheiten verringern, weil die beiden Räume eine Ebene gemein haben.[2]) Es muß nun die Ebene eines Neigungswinkels die beiden Räume halb senkrecht schneiden;[3]) nun ist $CC_1 \perp R_3^p$, es schneidet also die Ebene $CC_1Q_0$ den Raum $R_3^p$ in der Tat halb senkrecht in der Geraden $C_1Q_0$. Dann aber ist weiter die Ebene $CC_1Q_0$ vollständig normal zu $\varkappa_0$, weil sie die beiden Geraden $CC_1$ und $C_1Q_0$ enthält, die jede für sich zur Ebene $\varkappa_0$ senkrecht und untereinander nicht parallel sind (denn $\angle CC_1Q_0 = 90^0$); es enthält also die Ebene $CC_1Q_0$ sämtliche Normalenrichtungen von $\varkappa_0$ und somit auch die Richtung der Normalen zu $R_3$, und es schneidet somit die Ebene $CC_1Q_0$ den Parallelraum von $R_3$ halb senkrecht in der Geraden $CQ_0$; es ist also in der Tat $\angle CQ_0C_1$ der Winkel $\varphi_3$.

Es ist nicht schwer, die Richtung der Normalen zum Raume $R_3$ wirklich anzugeben, und indem wir dies tun, bereiten wir zugleich die Lösung des nächstfolgenden Problemes vor, nämlich den Neigungswinkel des $R_3$ mit $R_2^p$ zu bestimmen. Wir wollen im Punkte $C$ das Perpendikel auf den Raum $C\varkappa_0$ errichten. Dasselbe liegt, wie wir soeben gesehen haben, in der Ebene $CC_1Q_0$ und schneidet somit $R_3^p$ in einem Punkte derjenigen Geraden, in welcher diese Ebene $R_3^p$ schneidet, d. h. in einem Punkte von $C_1Q_0$; senkrecht zu $\varkappa_0$ ist nun jede Gerade durch $C$ und in der Ebene $CC_1Q_0$, senkrecht zu $\varkappa_0$ und

[1]) P. H. Schoute, l. c. S. 79.

[2]) P. H. Schoute, l. c. S. 81.

[3]) P. H. Schoute, l. c. S. 77.

überdies zu $CQ_0$ aber bloß eine, und diese ist die gesuchte; sie schneidet $C_1 Q_0$ in einem Punkte $Q_0^n$, der leicht erhalten wird, wenn man bedenkt, daß das $\triangle\, Q_0 C Q_0^n$ rechtwinklig ist am Punkte $C$. Es besteht eine sehr einfache Lagenbeziehung zwischen $\varkappa_0$ und $Q_0^n$, welche das Hinausgehen in den Operationsraum überflüssig macht; denn aus dem rechtwinkligen Dreiecke $Q_0 C Q_0^n$, in welchem $CC_1$ das Perpendikel aus $C$ auf die Hypotenuse $Q_0 Q_0^n$ darstellt, ergibt sich sofort:

$$C_1 Q_0 \cdot C_1 Q_0^n = -CC_1^2 = -d^2,$$

d. h. es ist $Q_0^n$ der sogenannte Antipol von $\varkappa_0$ in bezug auf die Distanzkugel, der symmetrische Punkt des Poles von $\varkappa_0$ in bezug auf diese Kugel rücksichtlich des Zentrums $C_1$, und also durch Umlegung der Ebene $C_1 C_2 Q_0$ mit dem darin enthaltenen Schnittkreise mit der Distanzkugel in $R_2^p$ sofort erhältlich. Dieser Satz wird sich später (§ 10) als Fundamentalsatz für die Behandlung der Orthogonalität in der vierdimensionalen Zentralprojektion erweisen.

Fügen wir schließlich noch folgenden, aus dem Obigen sofort ersichtlichen Satz hinzu:

„Die Fluchtebenen aller Räume, welche mit $R_3^p$ den nämlichen Winkel $\varphi_3$ einschließen, berühren die zu diesem Winkel gehörige Neigungskugel."

Jetzt wenden wir uns zur Frage nach dem Neigungswinkel eines $R_3$ mit $R_2^p$; auch hier ist wieder nur einer zu erwarten (anstatt zwei), weil eine Ebene und ein Raum im $R_4$ immer eine Gerade gemein haben, nämlich wenn $R_2^p$ die Ebene ist, $s_{1\sigma_0}$, resp. für den Parallelraum $s_{1\varkappa_0}$. Wir lösen die Aufgabe in folgender Weise. Denken wir $R_2^p$ parallel sich selbst ans Zentrum $C$ verschoben und ebenso den gegebenen $R_3$, so muß die durch $C$ gehende Ebene des gesuchten Winkels $\varphi_2$ sowohl die Ebene wie den Raum halb senkrecht schneiden und somit insbesondere das Perpendikel in $C$ auf den letzteren errichtet enthalten; gestimmen wir also den Winkel dieses Perpendikels mit der Ebene, oder was auf dasselbe hinauskommt, mit $R_2^v$, so ist dieser das Komplement des gesuchten. Wir bestimmen also wie in der vorherbehenden Aufgabe den zu $\varkappa_0$ gehörigen Antipol $Q_0^n$ und sodann, wie im § 4, den Winkel von $CQ_0^n$ mit $R_2^p$; dieser ist dann gleich $90^0 - \varphi_2$.

Der Punkt $Q_0^n$ ist offenbar der Fluchtpunkt aller zum Raume $R_3$ senkrechten Geraden; nennen wir ihn also den Normalenfluchtpunkt von $R_3$, so gibt die obige Konstruktion unmittelbar Veranlassung zum folgenden Satze:

„Die Normalenfluchtpunkte aller Räume, welche mit $R_2^p$ den Winkel $\varphi_2$ einschließen, liegen auf dem dem Winkel $90^0 - \varphi_2$ entsprechenden Neigungshyperboloide."

# Zweiter Abschnitt.

## Die Erzeugung der Räume $R_0$, $R_1$, $R_2$, $R_3$ auseinander durch Schnitt- und Scheinbildung, und die Fundamentalkonstruktionen.

§ 8. Welches auch die Darstellungsmethode sein möge, deren man sich bei der graphischen Lösung von Raumproblemen bedient, es lassen sich diese Lösungen immer zurückführen auf eine relativ kleine Anzahl von Fundamentalkonstruktionen, und die Schwierigkeit einer Konstruktion hat in der Regel ihren Grund nur darin, daß mehrere dieser Fundamentalkonstruktionen in derselben Zeichnung wiederholt angewandt werden müssen. Es gehen diese Fundamentalkonstruktionen hervor aus der Verknüpfung der Raumelemente unter sich, und die Operationen, durch welche diese Verknüpfung erzielt wird, sind die Schnitt- und die Scheinbildung. So hat man z. B. Gerade oder Ebenen unter sich und miteinander zu schneiden, Punkte oder Gerade unter sich oder miteinander durch Gerade und Ebenen zu verbinden usw. Die Anzahl dieser Fundamentalkonstruktionen wächst natürlich mit der Dimensionenzahl des Operationsraumes, ist aber für den Fall eines $R_4$ immer noch eine mäßige; in diesem Abschnitte wollen wir dieselben vorführen und fangen dazu mit der in der Ausführung einfachsten an, nämlich:

### *Fundamentalkonstruktion I.*

Die Schnittebene zweier Räume zu konstruieren.

Zur Unterscheidung der beiden Räume wollen wir die Bezeichnung so wählen, daß immer für dieselben Dinge dieselben Buchstaben benutzt werden können, was unseres Erachtens die Übersichtlichkeit erhöht und das Verständnis der Figuren erleichtert. Wir nennen die beiden Räume $1R_3$ und $2R_3$ und übertragen diese Bezeichnung auf sämtliche mit denselben in Verbindung stehenden Ebenen und Geraden, d. h. wir nennen die Spurebenen $1\sigma_0$ und $2\sigma_0$, die Spuren derselben in $R_2^p$ $1\,s_{1\sigma_0}$, $2\,s_{1\sigma_0}$ usw. Dann gibt die Fig. 7 in nicht mißzuverstehender Weise die Bestimmung der beiden Räume und die Konstruktion ihrer Schnittebene $\pi$; denn die Spur $s_0$ derselben ist die Schnittlinie der beiden Spurebenen $1\,\sigma_0$ und $2\,\sigma_0$, während die Fluchtlinie $q_0$ die Schnittlinie der beiden Fluchtebenen $1\,\varkappa_0$ und $2\,\varkappa_0$ ist.

Fügt man einen dritten Raum $3\,R_3$ hinzu, so erhält man zwei neue Schnittebenen, und alle drei gehen durch die nämliche Gerade, die Schnittlinie der drei Räume; es gehen also in der Zeichnung die drei Einsprojektionen der Spuren, $s_{01}$, durch den nämlichen Punkt und ebenso die drei Geraden $q_{01}$. Und fügt man noch einen vierten Raum, $4\,R_3$, hinzu, so erhält man drei neue Schnittebenen und vier

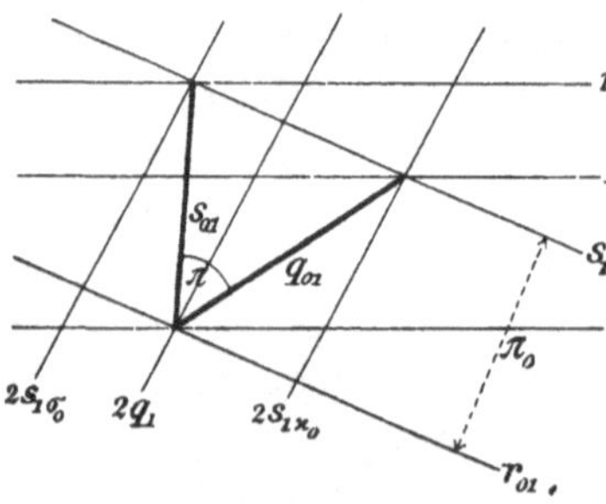

Fig. 7.

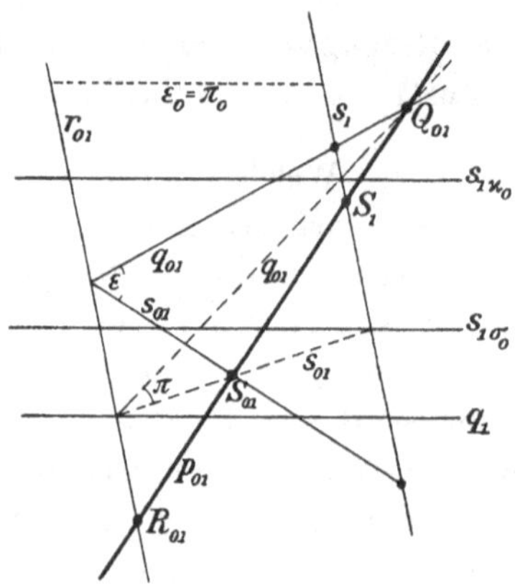

Fig. 8.

Schnittlinien der sechs Schnittebenen zu je drei und drei; und die sechs Ebenen und die vier Geraden gehen durch den nämlichen Punkt, den Schnittpunkt der vier Räume. Alles dies kann ohne jede Schwierigkeit auf dem Blatte ausgeführt werden.

### *Fundamentalkonstruktion II.*

**Die Schnittlinie einer Ebene und eines Raumes zu bestimmen.**

Es seien (Fig. 8) die Ebene $\varepsilon$ und der gegebene Raum in gewöhnlicher Weise bestimmt. Wir legen nun durch $\varepsilon$ einen beliebigen Hilfsraum und führen damit die Aufgabe auf die vorhergehende zurück; denn dieser Hilfsraum schneidet den gegebenen in einer Ebene $\pi$, und diese schneidet $\varepsilon$ in einer Geraden und nicht in einem Punkte, weil ja $\varepsilon$ und $\pi$ beide in dem Hilfsraume enthalten sind; diese Gerade ist die gesuchte Schnittlinie $p$. Für die praktische Durchführung ist es nun von Vorteil, den Hilfsraum nullprojizierend zu wählen; dann nämlich fallen Spur- und Fluchtebene desselben auf $\varepsilon_0$, und sind dieselben somit bestimmt durch die bereits vorhandenen Geraden $s_1$ und $r_{01}$. Wir bestimmen nun wie in der vorhergehenden Aufgabe die Schnittebene $\pi$, wobei der einzige Unterschied dieser ist, daß das $s_{1\sigma_0}$ und $s_{1\varkappa_0}$ des Hilfsraumes zusammenfallen auf $s_1$ von $\varepsilon_0$, und schneiden dann $\pi$ mit $\varepsilon$ auf aus der Figur sofort ersichtliche Weise. Weil $p$ in $\varepsilon$ liegt, liegen $S_1$ und $R_{01}$ auf $s_1$ und $r_{01}$, und weil $\varepsilon$ und $\pi$ in einem nullprojizierenden Raume liegen, sind $\varepsilon_0$ und $\pi_0$ identisch.

Es treten bei dieser Konstruktion zwei Ebenen $\varepsilon$ und $\pi$ auf, die in einem nämlichen Raume liegen, allerdings speziell in einem nullprojizierenden; dies gibt uns Veranlassung zu fragen, wie man allgemein erkennen kann, ob zwei Ebenen in demselben Raume liegen, und die dazu erforderliche Bedingung wollen wir in die folgende Form kleiden. Es wird eine Ebene im $R_4$ der Hauptsache nach bestimmt durch ein Dreieck in der Zeichnungsebene, nämlich durch die Geraden $s_{01}$, $q_{01}$ und $s_1$ (Fig. 4); zwar braucht man auch noch die Parallele $r_{01}$ zu $s_1$ durch den Schnittpunkt der beiden zuerst genannten Geraden, allein diese ist ja durch das Dreieck mitbestimmt; es liegen nun zwei Ebenen in demselben Raume, wenn die sie bestimmenden Dreiecke perspektivisch liegen für ein unendlich fernes Zentrum (Fig. 9). Denn es müssen ja die Spuren der Ebenen in der Spurebene des Raumes, die Fluchtlinien in der Fluchtebene liegen, und es liegen also die Durchstoßpunkte der beiden $s_0$ auf $s_{1\sigma_0}$, diejenigen der beiden $q_0$ auf $s_{1\varkappa_0}$, während die zwei Fluchtpunkte dieser paarweise parallelen Geraden auf $q_1$ liegen. Wenn nun aber zwei Ebenen in demselben Raume liegen, so haben sie eine Gerade gemein; das $S_{01}$ derselben ist der Schnittpunkt der beiden $s_{01}$, das $Q_{01}$ der Schnittpunkt der beiden $q_{01}$, das $S_1$ derjenige der beiden $s_1$; $S_{01}$, $Q_{01}$, $S_1$ aber liegen auf der Projektion $p_{01}$ der Schnittlinie $p$, also auf einer Geraden; wir finden also den Beweis des Desarguesschen Satzes der perspektivischen Dreiecke begründet in der elementaren Tatsache, daß zwei Ebenen in einem dreidimensionalen Raume eine Gerade gemein haben, und dies

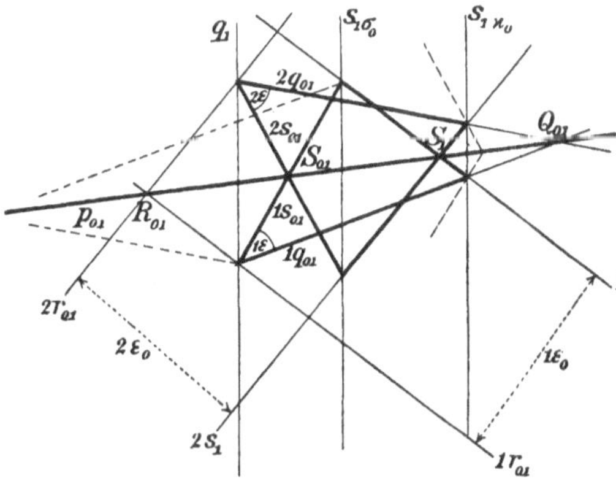

Fig. 9.

kann vielleicht mit dazu beitragen, die fundamentale Bedeutung des Satzes zu erklären. Freilich finden wir hier bloß einen Spezialfall, allein durch eine projektivische Umformung kann man ja sofort zum allgemeinen Falle aufsteigen. Es gibt aber unsere Konstruktion noch mehr, denn der Schnittpunkt der beiden $r_{01}$ ist das $R_{01}$ der Schnittlinie und liegt also ebenfalls auf $p_{01}$, und wenn wir die Rollen der Seiten der beiden Dreiecke vertauschen, also etwa die beiden $s_{01}$ $q_{01}$ nennen und umgekehrt usf., so bleiben die beiden Dreiecke perspektivisch für dieselbe Achse $p_{01}$, und findet man sofort den Satz: ‚Liegen zwei Dreiecke perspektivisch für ein unendlich fernes Zentrum, so liegen nicht nur die Schnittpunkte der drei entsprechenden Seitenpaare, sondern auch diejenigen der Parallelen zu ihnen durch die gegenüberliegenden Ecken auf einer und derselben Geraden.“ Und es läßt sich auch dieser Satz leicht verallgemeinern auf ein endliches Zentrum und mittels der Zentralprojektion in der Ebene beweisen.

Es kann sich ereignen, daß die Spuren zweier Ebenen in einer Ebene $\sigma_0$ liegen, die Fluchtlinien aber nicht; es haben dann die Parallelebenen bloß den Punkt $C$, die Ebenen selbst nur den Schnittpunkt ihrer Spuren gemein.

Umgekehrt können die Fluchtlinien sich begegnen, die Spuren aber nicht; die Ebenen haben dann einen unendlich fernen Punkt gemein und nur diesen, d. h. sie sind halb parallel.[1]) Es sind also zwei Ebenen halb parallel, wenn ihre Fluchtlinien sich schneiden, ihre Spuren aber windschief sind. Und es sind natürlich zwei Ebenen vollständig parallel, wenn ihre Fluchtlinien zusammenfallen.

### *Fundamentalkonstruktion III.*

### Den Schnittpunkt einer Geraden mit einem Raume zu bestimmen.

Es wird diese Aufgabe auf die beiden vorhergehenden zurückgeführt; wir legen durch die gegebene Gerade $g$ eine beliebige Ebene $\varepsilon$ und durch diese einen Hilfsraum, den wir mit dem gegebenen in einer Ebene $\pi$ schneiden. Dann schneiden wir $\pi$ mit $\varepsilon$ und die Schnittlinie $p$ mit $g$; der Schnittpunkt $P$ ist dann der gesuchte Punkt.

Für die praktische Durchführung (Fig. 10) empfiehlt es sich, die Ebene $\varepsilon$ beliebig, den Hilfsraum aber wieder wie oben nullprojizierend zu wählen; es fallen dann $\sigma_0$ und $\varkappa_0$ zusammen mit $\varepsilon_0$, so daß zu ihrer Bestimmung die Geraden $s_1$ und $r_{01}$ ausreichen. Wir verbinden

[1]) P. H. Schoute, l. c. S. 34.

nun den Schnittpunkt von $q_1$ und $r_{01}$ mit denjenigen von $s_{1\sigma_0}$ und $s_{1\varkappa_0}$ mit $s_1$ und erhalten so das $s_{01}$ und $q_{01}$ von $\pi$; diese schneiden wir mit den entsprechenden Geraden von $\varepsilon$, womit das $S_{01}$ und $Q_{01}$ von $p_{01}$ erhalten werden; der Schnittpunkt von $p_{01}$ und $g_{01}$ ist die Nulleinsprojektion $P_{01}$ des gesuchten Schnittpunktes $P$.

*Fundamentalkonstruktion IV.*

Den Schnittpunkt einer Geraden mit einer Ebene zu konstruieren.

Es muß bemerkt werden, daß diese Konstruktion nur dann durchführbar ist, wenn Gerade und Ebene im nämlichen Raume liegen; es

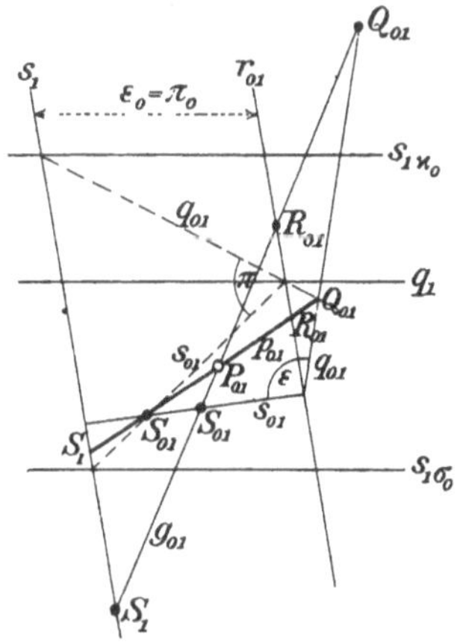

Fig. 10.

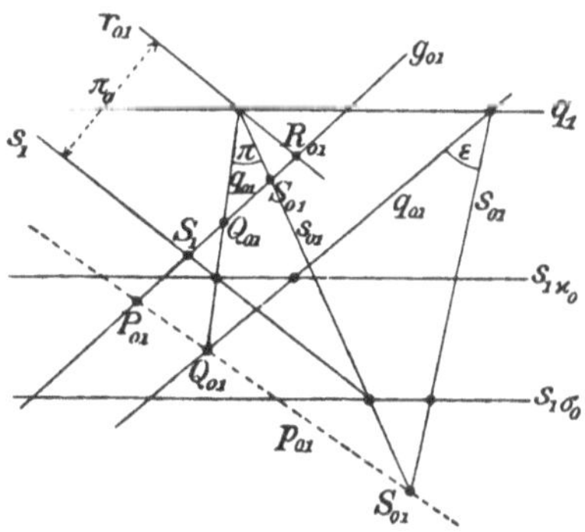

Fig. 11.

muß also möglich sein (Fig. 11), durch $g$ eine Ebene $\pi$ zu legen, welche mit der gegebenen Ebene $\varepsilon$ in einem $R_3$ liegt (vgl. F.-K. II). Ist dies der Fall, so bestimmen wir die Schnittlinie $p$ von $\varepsilon$ und $\pi$ und schneiden diese mit $g$; der Schnittpunkt $P$ ist dann der gesuchte Punkt.

*Fundamentalkonstruktion V.*

Den Schnittpunkt zweier Ebenen zu bestimmen.

Wir bestimmen die beiden Ebenen $1\varepsilon$ und $2\varepsilon$ durch ihre charakteristischen Dreiecke $s_1$, $s_{01}$, $q_{01}$ (Fig. 12), indem wir Sorge tragen, daß dieselben nicht, wie in Fig. 9, perspektivisch liegen, damit die beiden Ebenen nicht in einem Raume enthalten seien. Das Prinzip der Lösung ist nun folgendes: Wenn wir durch jede der beiden Ebenen einen Hilfsraum legen, so schneiden sich diese in einer Ebene, welche den gesuchten Punkt $P$ enthält; machen wir dasselbe noch einmal, so erhalten wir eine zweite Ebene durch $P$; damit sind wir in theoretischer

Hinsicht allerdings nicht weiter gekommen, denn wir haben das Problem, den Schnittpunkt zweier Ebenen zu bestimmen, auf das nämliche Problem zurückgeführt, aber in der Wahl der Hilfsräume sind wir ja frei, und es ist nun möglich, diese so zu wählen, daß ihre Schnittebenen infolge ihrer speziellen Lage den gesuchten Schnittpunkt sofort hervorbringen.

Wir bringen erstens durch $1\varepsilon$ und $2\varepsilon$ die beiden nullprojizierenden Räume; Spur- und Fluchtebene derselben fallen zusammen mit $1\varepsilon_0$ und resp. $2\varepsilon_0$ und sind somit bestimmt durch $1s_1$, $1r_{01}$ und resp. $2s_1$, $2r_{01}$; die Räume selbst schneiden sich in einer nullprojizierenden Ebene $1\pi$, und diese begegnet $R_3^p$ in der Schnittlinie von $1\varepsilon_0$ und $2\varepsilon_0$. Diese Schnittlinie ist somit die Nullprojektion $1\pi_0$ der Ebene $1\pi$, und die auf dem Blatte liegende Einsprojektion $S_1 Q_1$ derselben ist also die Nulleinsprojektion $1\pi_{01}$ von $1\pi$. Nun liegt der gesuchte Schnittpunkt $P$ in $1\pi$, folglich liegt $P_0$ in $1\pi_0$ und $P_{01}$ in $1\pi_{01}$.

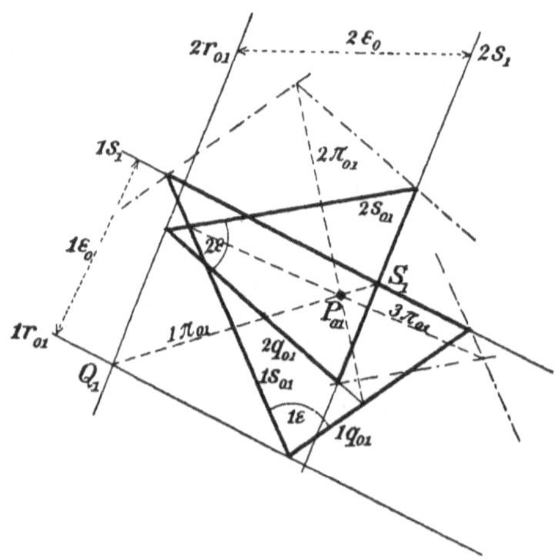

Fig. 12.

Zweitens legen wir durch $1\varepsilon$ und $2\varepsilon$ diejenigen Räume, deren Fluchtebenen den Punkt $C_1$ enthalten, oder also diejenigen Räume, welche (§ 7) ein Drittel senkrecht zu $R_3^p$ sind. Diese Fluchtebenen enthalten außer $C_1$ die Geraden $1q_0$ und resp. $2q_0$ und sind somit durch $1q_{01}$ und resp. $2q_{01}$ allein schon bestimmt. Die Spurebenen gehen durch $1s_0$ und $2s_0$ parallel zu den Fluchtebenen, für die eine ist also $1q_{01}$ die Fluchtlinie, die (strich-punktierte) Gerade durch die gegenüberliegende Ecke des Bestimmungsdreiecks die Spur und ebenso für die andere $2q_{01}$ und die (strich-punktierte) Gerade durch die gegenüberliegende Ecke. Diese beiden Räume schneiden sich nun in einer Ebene $2\pi$; die Fluchtlinie derselben geht durch $C_1$, weil die Fluchtebenen der Räume durch $C_1$ gehen, und die Spur ist die Schnittlinie der beiden Spurebenen; die Verbindungsebene von Spur und Fluchtlinie geht also ebenfalls durch $C_1$, d. h. es ist die Nullprojektion $2\pi_0$ einsprojizierend, und es ist somit $2\pi_{01}$ wieder eine Gerade, und diese enthält offenbar ebenfalls den Punkt $P_{01}$; es ist also $P_{01}$ der Schnittpunkt von $1\pi_{01}$ und $2\pi_{01}$, und weil $P$ selbst sowohl in $1\varepsilon$ wie in $2\varepsilon$ liegt, so genügt irgend eine Gerade durch ihn und in irgend einer dieser beiden Ebenen zu seiner endgültigen Bestimmung.

Wir fügen noch eine Genauigkeitsprobe hinzu und erhöhen dadurch einerseits die Symmetrie der Lösung, während wir zugleich in die Lage kommen, dieselbe in eine sehr einfache Regel zusammenfassen zu können. Anstatt nämlich die beiden zuletzt benutzten Hilfsräume so zu wählen, daß ihre Fluchtebenen durch $C_1$ gehen, können wir mit gleichem Vorteil ihre Spurebenen durch $C_1$ gehen lassen; diese sind dann einsprojizierend und somit durch $1s_{01}$ und resp. $2s_{01}$ allein schon bestimmt, und diese nämlichen Geraden sind die Fluchtlinien der Fluchtebenen, während die Spuren derselben die (punktierten) Parallelen zu ihnen durch die gegenüberliegenden Ecken der Bestimmungsdreiecke sind. Es schneiden sich nun diese neuen Hilfsräume in einer Ebene $3\pi$, und weil von dieser nun die Spur durch $C_1$ geht, so ist sie selbst einsprojizierend und somit $3\pi_0$ ebenfalls, und folglich $3\pi_{01}$ wieder eine Gerade; diese Gerade geht nun ebenfalls durch den gesuchten Punkt.

Betrachten wir nun die Figur etwas näher. Es sind von den beiden Bestimmungsdreiecken die Seiten durch die Bezeichnung selber einander paarweise zugeordnet, nämlich $1s_{01}$, $2s_{01}$ usw.; halten wir diese Zuordnung fest, so können wir für die Konstruktion des Punktes $P_{01}$ die folgende sehr einfache Regel aufstellen, welche einen planimetrischen Lehrsatz in sich enthält, der also durch unsere jetzigen Betrachtungen zugleich seinen Beweis erhält, wenngleich bemerkt werden muß, daß sich derselbe auch sehr leicht rein planimetrisch führen läßt: „Verbindet man den Schnittpunkt je zweier entsprechender Seiten der beiden Bestimmungsdreiecke mit dem Schnittpunkte der Parallelen zu denselben durch die gegenüberliegenden Ecken, so erhält man drei gerade Linien, $1\pi_{01}$, $2\pi_{01}$, $3\pi_{01}$ durch einen Punkt; dieser Punkt ist die Nulleinsprojektion $P_{01}$ des Schnittpunktes der beiden Ebenen."

Wie erkennen wir nun aus dieser Regel, daß zwei Ebenen, die in demselben Raume liegen, sich nicht in einem Punkte, sondern in einer Geraden schneiden? Einfach dadurch, daß infolge der Resultate, die wir bei der Behandlung der Fundamentalkonstruktion II (Fig. 9) erhalten haben, die drei Geraden durch $P_{01}$ zusammenfallen, so daß der Schnittpunkt auf dieser Geraden unbestimmt wird.

Zwischen dem allgemeinen Falle, wo die Bestimmungsdreiecke ganz beliebig sind, und demjenigen, wo sie perspektivisch liegen für ein unendlich fernes Zentrum, liegt der Fall, wo sie perspektivisch sind für ein endliches Zentrum; es will aber dem Verfasser scheinen, daß dieser für die Lage der Ebenen im $R_4$ von geringer Bedeutung ist. Die Ebenen liegen natürlich nicht in einem $R_3$, es sind also die Schnittpunkte der beiden $s_{01}$ und der beiden $q_{01}$ einfach die Durchstoßpunkte in $R_2^p$ der beiden Transversalen aus $C_1$ nach den beiden $s_0$ und den beiden $q_0$, und die Verbindungslinie dieser beiden Durchstoßpunkte enthält nun gerade den Schnittpunkt der beiden $s_1$; dies ist aber für die Ebenen selbst von geringer Bedeutung. Wichtiger sind die Fälle, wo entweder die beiden $s_0$ oder die beiden $q_0$ in einer Ebene liegen; im ersten Falle fällt $P$ mit dem Schnittpunkte der beiden Spuren zusammen, im zweiten sind die Ebenen halb parallel, in beiden aber führt unsere Konstruktion, indem sie sich spezialisiert, zum richtigen Ergebnis.

§ 9. Wir haben im vorhergehenden Paragraphen diejenigen Fälle betrachtet, wo eines der linearen Gebilde $R_i (i = 0, 1, 2, 3)$ aus den andern hervorging durch Schnittbildung; jetzt betrachten wir die Erzeugung der nämlichen Gebilde auseinander durch Scheinbildung. Das fundamentale Problem ist hier nicht, wie man glauben könnte, die Erzeugung einer Geraden als Verbindungslinie zweier Punkte, sondern, wie sich in der Folge herausstellen wird, die Erzeugung des $R_3$ aus zwei windschiefen Geraden.

Fragen wir zunächst, welcher Bedingung zwei Geraden $1g$ und $2g$ unterliegen, wenn sie in einer Ebene $\varepsilon$ liegen sollen. Es müssen dann auch $1g_0$ und $2g_0$ in einer Ebene $\varepsilon_0$ liegen, d. h. es muß auf dem Blatte die Verbindungslinie von $1S_1$ mit $2S_1$ parallel sein derjenigen von $1R_{01}$ mit $2R_{01}$. Dies genügt aber nicht, denn wenn weiter nichts geschieht als dies, so liegen die beiden Geraden einfach in dem Raume $C\varepsilon_0$, aber ohne sich zu schneiden; es müssen überdies im $R_3^p$ die Verbindungslinien von $1S_0$ mit $2S_0$ und von $1Q_0$ mit $2Q_0$ parallel sein, d. h. es müssen sich auf dem Blatte die Geraden $1S_{01}\,2S_{01}$ und $1Q_{01}\,2Q_{01}$ auf der Geraden $1R_{01}\,2R_{01}$ schneiden.

Nach dieser kurzen Erörterung gehen wir nun sofort an die

*Fundamentalkonstruktion VI.*

Einen Raum $R_3$ zu bestimmen aus zwei windschiefen Geraden.

Es seien (Fig. 13) die beiden gegebenen Geraden $1g$, $2g$ in gewohnter Weise bestimmt; verbinden wir ihre Durchstoßpunkte $1S_0, 2S_0$, so erhalten wir eine Gerade $1t$, welche offenbar in der Spurebene $\sigma_0$ des gesuchten Raumes liegen muß, und verbinden wir ihre Fluchtpunkte $1Q_0, 2Q_0$, so erhalten wir eine Gerade $2t$ der Fluchtebene $\varkappa_0$. Spur- und Fluchtebene sind aber parallel, also handelt es sich jetzt nur noch darum, durch $1t$ und $2t$ zwei zueinander parallele Ebenen zu legen. Diese Aufgabe wird nur dann unbestimmt, wenn $1t$ und $2t$ zueinander parallel sind; dann aber liegen die beiden gegebenen Geraden, wie leicht zu sehen (siehe oben), in einer Ebene, und durch eine Ebene geht ein ganzes Büschel von Räumen $R_3$.

Bei der praktischen Durchführung der Lösung können wir eigentlich vom $R_4$ ganz absehen. Es ist in $R_3^0$ gegeben eine Gerade $1g_0$ durch ihren Durchstoßpunkt $1S_1$ und ihren Fluchtpunkt $1R_{01}$ und eine zweite $2g_0$ durch $2S_1$ und $2R_{01}$, und es handelt sich zunächst darum, von der Verbindungslinie $1t$ eines gewissen Punktes $1S_0$ der

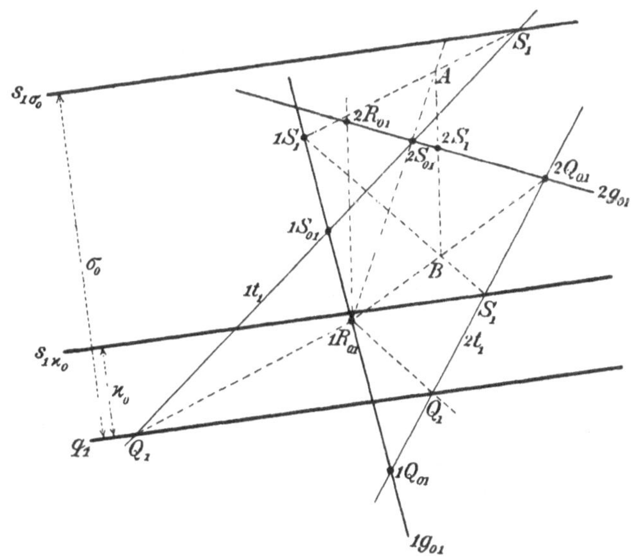

Fig. 13.

einen mit einem ebensolchen $2S_0$ der andern Durchstoß- und Fluchtpunkt zu bestimmen. Dies ist ein bekanntes dreidimensionales Problem;[1]) wir legen etwa durch $2S_0$ die Parallele zu $1g_0$ (in der Projektion auf dem Blatte $2S_{01}\,1R_{01}$) und bestimmen die Ebene durch diese Parallele und $1g_0$. Zu diesem Zwecke bedenken wir, daß die genannte Parallele und $2g_0$ einen Punkt, nämlich eben $2S_0$, gemein haben und also in einer Ebene liegen; die Fluchtlinie derselben ist $1R_{01}\,2R_{01}$, und die dazu parallele Spur durch $2S_1$ ergibt den Durchstoßpunkt $A$ der Parallele; die Verbindungslinie von $A$ mit $1S_1$ ist sodann die Spur der Ebene durch die Parallele und $1g_0$, und die Fluchtlinie geht parallel dazu durch $1R_{01}$; in dieser Ebene liegt $1t$, folglich sind Durchstoßpunkt $S_1$ und Fluchtpunkt $Q_1$ derselben be-

[1]) W. Fiedler, l. c. S. 27, Nr. 1.

stimmt. Genau so verfährt man mit der Verbindungslinie $2t$ der beiden Punkte $1\,Q_0$ und $2\,Q_0$, wobei wiederum der Punkt $1\,R_{01}$ benutzt worden ist; sind nun die Geraden $1t$ und $2t$ bestimmt, so ist die gemeinschaftliche Fluchtlinie $q_1$ der beiden durch sie hindurchgehenden zueinander parallelen Ebenen die Verbindungslinie ihrer Fluchtpunkte, und die Spuren $s_{1\sigma_0}$ und $s_{1\varkappa_0}$ sind die Parallelen zu derselben durch die Durchstoßpunkte von $1t$ und resp. $2t$. Die Aufgabe wird nur dann unbestimmt, wenn die beiden Punkte $Q_1$ zusammenfallen, dann aber sind $1t$ und $2t$ parallel und $1g$ und $2g$ in einer Ebene enthalten.

Es kann geschehen, daß eine der beiden Geraden, etwa $1g$, ganz in unendlicher Ferne liegt; sie liegt dann zugleich in der unendlich fernen Ebene des durch sie und die willkürlich gebliebene Gerade $2g$ bestimmten Raumes, woraus folgt, daß ihre Nullprojektion $1g_0$ ganz in der Ebene $\varkappa_0$, der Fluchtebene des gesuchten Raumes, liegen muß; diese Ebene geht überdies durch den Punkt $2\,Q_0$ und ist somit bestimmt. In bezug auf die Spurebene $\sigma_0$ ist folgendes zu sagen: $1g_{01}$ ist eine beliebige Gerade, und $1S_1$, $1R_{01}$ sind beliebige Punkte auf ihr; aber der Durchstoßpunkt $1S_0$ von $1g_\infty$ mit $R_3^p$ liegt natürlich im Unendlichen, und der Fluchtpunkt $1\,Q_0$ wird auf $1g_0$ unbestimmt, weil $1g_\infty$ nicht bloß einen, sondern alle ihre Punkte im Unendlichen hat; es fällt also $1S_{01}$ mit $1R_{01}$ zusammen, und $1\,Q_{01}$ wird unbestimmt. Die Verbindungslinie $1S_{01}\,2S_{01}$ des allgemeinen Falles geht über in $1R_{01}\,2S_{01}$; der Durchstoßpunkt ist $A$, und durch diesen geht also $s_{1\sigma_0}$. Die Verbindungslinie $1\,Q_{01}\,2\,Q_{01}$ hingegen wird unbestimmt, und dies ist im Einklange mit dem Obigen, wonach jede Gerade durch $2\,Q_0$, welche $1g_0$ schneidet, in $\varkappa_0$ enthalten ist. Zur Bestimmung der Ebene $\varkappa_0$ können wir also etwa die Gerade $2\,Q_{01}\,1R_{01}$ benutzen, deren Durchstoßpunkt in $B$ liegt; es ist also die Gerade $1S_1B = s_{1\varkappa_0}$, die Parallele dazu durch $1\,R_{01}$ die Gerade $q_1$ und die Parallele durch $A$ die Spur $s_{1\sigma_0}$.

Liegen beide Gerade im Unendlichen, so bestimmen sie den unendlich fernen Raum $U_3$ des Operationsraumes; dieser ist aber durch den Operationsraum selbst mitbestimmt und bedarf also keiner näheren Konstruktion.

### *Fundamentalkonstruktion VII.*

### Die Verbindungslinie zweier Punkte zu bestimmen.

Der Allgemeinheit wegen wählen wir die beiden Punkte $A$ und $B$ auf zwei im Operationsraume willkürlich angenommenen Trägern $1g$ und $2g$ (Fig. 14). Dieselben bestimmen einen Raum $R_3$, und die Gerade $AB$ ist eine Gerade dieses Raumes, weil sie zwei Punkte desselben enthält.[1]) Denken wir also diesen Raum wie in der vorhergehenden Aufgabe bestimmt, d. h. legen wir durch die Geraden $1S_0 2S_0 = 1t$ und $1Q_0 2Q_0 = 2t$ die beiden zueinander parallelen Ebenen $\sigma_0$ und $\varkappa_0$, so muß der Durchstoßpunkt von $AB$ in $\sigma_0$, der Fluchtpunkt in $\varkappa_0$ liegen. Die Bestimmung dieser beiden Punkte führt auf das nämliche dreidimensionale Problem wie in der Fundamentalkonstruktion VI, nur ist der Raum, in welchem dieses Problem gelöst werden muß, nicht mehr $R_3^p$ selbst, sondern eben der durch $1g$ und $2g$ bestimmte $R_3 = (\sigma_0, \varkappa_0)$. Wir legen durch $A$ auf $1g$ die Parallele zu $2g$ (d. h. wir verbinden $A_{01}$ mit $2Q_{01}$) und suchen von dieser in $R_3$ enthaltenen Geraden den Durchstoßpunkt mit $\sigma_0$. Dazu bedenken wir, daß diese Gerade und $1g$ in einer Ebene liegen; Fluchtlinie derselben ist $1Q_0 2Q_0$, während die Spur durch $1S_0$ geht parallel zur Fluchtlinie; auf dem Blatte haben wir also $1Q_{01} 2Q_{01}$ mit $q_1$ zu schneiden und den Schnittpunkt mit $1S_{01}$ zu verbinden; der Schnittpunkt dieser Verbindungslinie mit $A_{01} 2Q_{01}$ ist dann die Nulleinsprojektion $D_{01}$ des gesuchten Durchstoßpunktes $D_0$. Nun legen wir durch die gezogene Parallele und $2g$ selbst eine Ebene $\varepsilon$; das $s_{01}$ derselben, § 5, ist die Verbindungslinie von $2S_{01}$ mit $D_{01}$, und weil auch diese Ebene $\varepsilon$ im $R_3$ enthalten ist, so geht $q_{01}$ durch $2Q_{01}$, während sie $s_{01}$ auf $q_1$ in $Q_1$ schneidet. Die Durchstoßpunkte der in $R_3^p$ liegenden Geraden $s_0$ und $q_0$ mit $R_2^p$ sind die resp. Schnittpunkte von $s_{01}$ und $q_{01}$ mit $s_{1\sigma_0}$ und $s_{1\varkappa_0}$, die Verbindungslinie derselben ist das $s_1$ von $\varepsilon_0$ und die Parallele dazu durch $Q_1$ das $r_{01}$ derselben, so daß schließlich die Schnittpunkte von $A_{01} B_{01}$ mit $s_1$, $r_{01}$, $s_{01}$, $q_{01}$ die zur Bestimmung der Geraden $AB$ erforderlichen Punkte $S_1$, $R_{01}$, $S_{01}$ und $Q_{01}$ sind (§ 3).

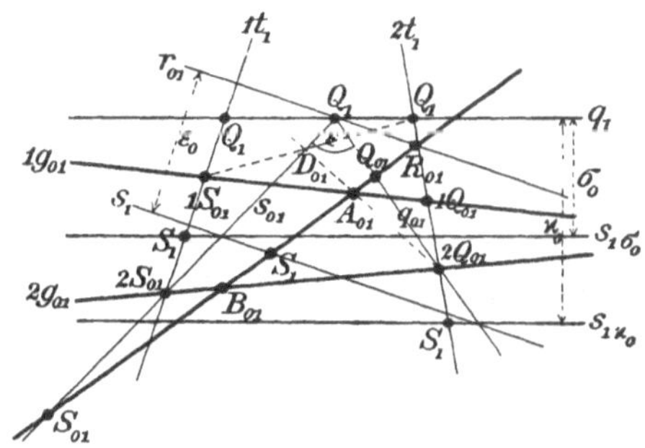

Fig. 14.

Liegt einer der Punkte, etwa $B$, im Unendlichen, so fällt $B_{01}$ auf $2Q_{01}$, und die gesuchte Gerade ist $A_{01} 2Q_{01}$, deren Durchstoßpunkt $D_0$ soeben bestimmt worden ist; liegen beide Punkte im Unendlichen, so ist die Verbindungslinie ihrer Nullprojektionen eine Gerade von $\varkappa_0$ und somit unmittelbar bestimmt. Liegt $B$ im Verschwindungs-

[1]) P. H. Schoute, l. c. S. 4, 5.

raume $R_3^v$, so fällt $B_{01}$ mit dem $R_{01}$ von $2g_{01}$ zusammen; liegt $B_0$ in der Verschwindungsebene der Zentralprojektion in $R_3^p$, so liegt $B_{01}$ auf dem Blatte unendlich fern; alle diese speziellen Fälle lassen sich aber aus dem allgemeinen ohne Schwierigkeit herleiten.

### *Fundamentalkonstruktion VIII.*

### Durch einen Punkt und eine Gerade eine Ebene zu legen.

Wir können uns der nämlichen Figur wie in der vorhergehenden Aufgabe bedienen. Denn wenn $A$ auf dem Träger $1g$ der gegebene Punkt und $2g$ die gegebene Gerade ist, so ist die gesuchte Ebene einfach die Ebene $\varepsilon$ durch $2g$ und die Parallele durch $A$ zu dieser; sie ist enthalten in dem durch $2g$ und den Träger $1g$ bestimmten Raume und wird also in der oben angegebenen Weise konstruiert und bestimmt.

Die Spezialfälle, wo der Punkt oder die Gerade, oder beide besondere Lagen einnehmen, sind wieder ohne Schwierigkeit aus dem allgemeinen Falle herzuleiten.

### *Fundamentalkonstruktion IX.*

### Durch einen Punkt und eine Ebene einen dreidimensionalen Raum zu legen.

Legen wir durch den gegebenen Punkt $P$, den wir durch einen Träger $1g$ (Fig. 15) bestimmt denken, die Parallelebene $2\varepsilon$ zur gegebenen $1\varepsilon$, so liegt dieselbe in dem gesuchten Raume, denn jede Gerade durch $P$ in ihr enthält zwei seiner Punkte, nämlich $P$ selbst und einen unendlich fernen von $1\varepsilon$; ihre Spur $2s_0$ in $R_3^p$ bestimmt somit mit der zu ihr parallelen $1s_0$ die Spurebene $\sigma_0$ des gesuchten Raumes, während die dazu parallele Fluchtebene $\varkappa_0$ die Gerade $1q_0$ enthält.

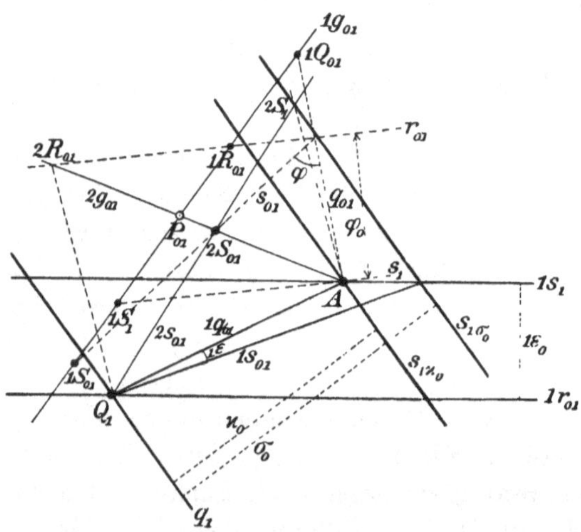


Fig. 15.

Zur Bestimmung der Parallelebene $2\varepsilon_0$ genügt es, wenn wir durch $P$ eine Parallele zu $1\varepsilon$ ziehen und von dieser den Durchstoßpunkt mit $R_3^p$ bestimmen, denn es ist ja $2s_0 \parallel 1s_0$ und somit durch diesen einzigen Durchstoßpunkt schon bestimmt. Wir drücken dasselbe nur anders aus indem wir sagen, daß es genügt, $P$ mit einem einzigen Punkte von $1q_\infty$ zu verbinden, und weil die Wahl dieses Punktes frei ist, so wählen wir für denselben den Schnittpunkt von $1q_\infty$ mit $R_3^c$, und seine Verbindungslinie mit $P$ nennen wir $2g$. Es hat nämlich dieser Punkt, wie überhaupt alle andern von $R_3^c$ auch, die Eigenschaft, daß schon seine Nullprojektion auf $R_2^p$ liegt, mit Übergehung von $C_1$ und $R_3^p$ (§ 3), daß also seine Nulleinsprojektion mit seiner Nullprojektion zusammenfällt, und daß diese beiden zusammenfallenden Projektionen überdies den Durchstoßpunkt von $1q_0$ mit $R_2^p$ bilden (§ 3). Um diesen Durchstoßpunkt auszuzeichnen, haben wir ihn $A$ genannt; er ist dann aber nicht nur der Durchstoßpunkt von $1q_0$, sondern ebenso von $2g_0$, er ist aber der Fluchtpunkt von $2g$.

Es liegen nun zunächst $1g_0$ und $2g_0$ in einer Ebene $\varphi_0$; die Spur derselben ist die Verbindungslinie von $A$ mit $1S_1$, die Fluchtlinie $r_{01}$ die Parallele dazu durch $1R_{01}$, und diese letztere liefert im Schnitt mit $2g_{01}$ den Fluchtpunkt $2R_{01}$ von $2g_0$. Es liegen aber auch $1g$ und $2g$ selbst in einer Ebene, nämlich $\varphi$; das $q_{01}$ derselben verbindet $A$ mit $1Q_{01}$, denn $A$ ist ja nach dem Obigen nichts anderes als $2Q_{01}$, und das $s_{01}$ verbindet den Schnittpunkt von $q_{01}$ mit $r_{01}$ mit $1S_{01}$ und schneidet aus $2g_{01}$ den Punkt $2S_{01}$ heraus, womit der Durchstoßpunkt von $2g$ mit $R_3^p$ aufgefunden ist. Durch diesen muß jetzt eine Parallele $2s_0$ zu $1s_0$ gelegt werden; dieselbe liegt dann wieder mit $2g_0$ in einer Ebene, deren Fluchtlinie $Q_1\,2R_{01}$, und deren Spur die Parallele dazu durch $A$ ist; diese letztere liefert den Durchstoßpunkt $2S_1$ von $2s_0$ mit $R_2^p$. Hiermit ist die Aufgabe erledigt; denn die Ebene durch die beiden parallelen, in $R_3^p$ enthaltenen Geraden $1s_0$ und $2s_0$ ist die Spurebene $\sigma_0$, die Parallelebene dazu durch $1q_0$ die Fluchtebene $\varkappa_0$ des gesuchten Raumes.

Der Fall, wo die gegebene Ebene ganz in unendlicher Ferne liegt wird sich später (§ 11) als nützlich erweisen; es ist dann die Nullprojektion derselben sofort die Ebene $\varkappa_0$.

*Fundamentalkonstruktion X.*

Durch eine Ebene und eine dieselbe schneidende Gerade einen Raum zu legen.

Es sei $1\varepsilon$ (Fig. 16) die gegebene Ebene; wir ziehen in ihr eine beliebige Gerade $2g$ ($2S_1$ auf $1s_1$, $2Q_{01}$ auf $1q_{01}$ usw.) und nehmen auf dieser den Punkt $P$, in welchem die gegebene Gerade $1g$ die Ebene $1\varepsilon$ schneiden soll, beliebig an. In der Wahl der vier die letztere Gerade bestimmenden Punkte sind wir dann natürlich nicht mehr völlig frei, denn es müssen dieselben so angenommen werden, daß $1g$ und $2g$ in einer Ebene $2\varepsilon$ und also auch $1g_0$ und $2g_0$ in einer Ebene $2\varepsilon_0$ enthalten sind. Für das letztere ist gesorgt, sobald wir die Punkte $1S_1$, $1R_{01}$ so annehmen, daß die Gerade $1S_1\,2S_1 = 2s_1$ parallel wird zu $1R_{01}\,2R_{01} = 2r_{01}$; für das erstere sorgen wir, indem wir $1S_{01}$ und $1Q_{01}$ so wählen, daß $1S_{01}\,2S_{01} = 2s_{01}$ und $1Q_{01}\,2Q_{01} = 2q_{01}$ sich auf $2r_{01}$ schneiden. Dann aber ist auch die Bestimmung des gesuchten Raumes so gut wie vollendet, denn die sich in der Geraden $2g$ schneidenden Ebenen $1\varepsilon$ und $2\varepsilon$ sind beide in demselben Raume

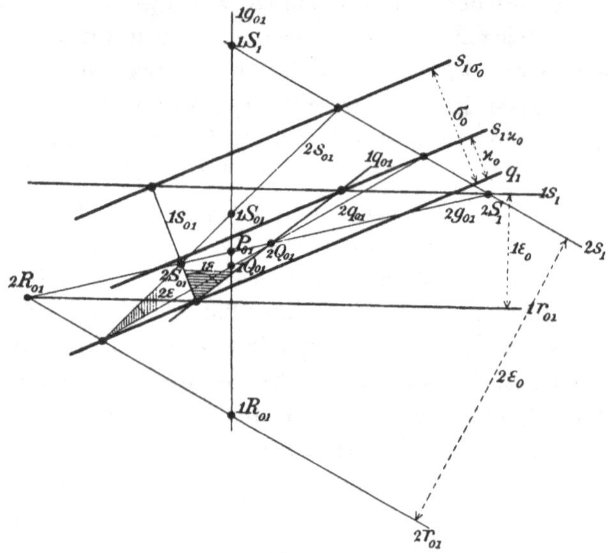

Fig. 16.

enthalten und ergeben also in der Verbindungslinie der Durchstoßpunkte ihrer Spuren $1s_0$ und $2s_0$ mit $R_2^0$ die Spur $s_{1\sigma_0}$ der Spurebene, in der Verbindungslinie der Durchstoßpunkte der beiden Fluchtlinien $1q_0$, $2q_0$, die sich als parallel zu $s_{1\sigma_0}$ erweisen muß, die Spur $s_{1\varkappa_0}$ der Fluchtebene, und endlich in der Verbindungslinie $1Q_1\,2Q_1$ der Fluchtpunkte der obgenannten Spuren und Fluchtlinien, die ebenfalls parallel $s_{1\sigma_0}$ verlaufen muß, die gemeinsame Fluchtlinie $q_1$ von Spur- und Fluchtebene.

Hiermit sind die Aufgaben, welche sich beziehen auf die Erzeugung der linearen Räume durch Scheinbildung, erledigt; auf sie und auf diejenigen des § 8 lassen sich alle Probleme zurückführen, bei denen es sich handelt um reine Lagenbeziehungen der Raumelemente unter sich, also mit Einschluß des Parallelismus in seinen verschiedenen Abstufungen,[1]) aber mit Ausschluß der Rechtwinkligkeit, der Bestimmung wahrer Längen und wahrer Gestalt und der Konstruktion von Winkeln. Der projektive Charakter aller dieser Fundamentalkonstruktionen spricht sich auch darin aus, daß wir bei keiner derselben den Distanzkreis und die Distanzkugel, also mit andern Worten daß wir bei keiner das Projektionszentrum benutzt haben; fügen wir hinterher diese Daten zu den Figuren hinzu, so werden dadurch eigentlich erst die Gebilde im $R_3^e$ und im $R_4$ fixiert.

Als einziges Beispiel der Zurückführung einer Aufgabe auf die Fundamentalkonstruktionen wollen wir an dieser Stelle nur das Folgende vorführen. Drei beliebige, d. h. nicht in einem $R_3$ enthaltene Gerade des Operationsraumes, besitzen nur eine Transversale, wie findet man dieselbe? Man lege durch $1g$ und $2g$ einen $R_3$ (F.-K. VI) und ebenso durch $1g$ und $3g$ und durch $2g$ und $3g$, und bestimme sodann die Schnittebenen dieser Räume in Paaren (F.-K. I); es zeigt sich dann, daß diese 3 Ebenen sich in der nämlichen Geraden schneiden. Oder man lege durch $1g$ und $2g$ einen $R_3$ (F.-K. VI), bestimme den Schnittpunkt desselben mit $3g$ (F.-K. III), und lege nun innerhalb dieses $R_3$ durch jenen Schnittpunkt und jede der beiden in ihm enthaltenen Geraden eine Ebene (F.-K. VIII); die Schnittlinie derselben ist die gesuchte Gerade. Für weitere Beispiele weisen wir auf Prof. Schoutes Lehrbuch hin, insbesondere auf den von der darstellenden Geometrie handelnden § 5.

[1]) P. H. Schoute, l. c. S. 33.

## Dritter Abschnitt.

### Orthogonalität, Umlegung projizierender und nichtprojizierender Räume in $R_3^p$, kürzeste Entfernung je zweier linearer Räume.

§ 10. Bei der Bestimmung des Neigungswinkels eines nullprojizierenden Raumes $C\varkappa_0$ mit $R_3^p$ (§ 7) hat sich ergeben, daß der Schnittpunkt des im Punkte $C$ auf jenen Raum errichteten Perpendikels mit $R_3^p$ in einfacher Beziehung steht zur Ebene $\varkappa_0$; er ist nämlich der Antipol von $\varkappa_0$ in bezug auf die Distanzkugel, oder umgekehrt $\varkappa_0$ ist seine Antipolarebene. Wir gehen jetzt auf diese Abhängigkeit etwas tiefer ein. Weil sämtliche Perpendikel zu einem Raume unter sich parallel sind, so ist der genannte Antipol $Q_0^n$ von $\varkappa_0$ der gemeinschaftliche Fluchtpunkt aller Normalen des Raumes $C\varkappa_0$; wir nennen ihn deshalb den zur Fluchtebene $\varkappa_0$ gehörigen Normalenfluchtpunkt. Weil aber auch umgekehrt sämtliche Räume senkrecht zu der nämlichen Geraden unter sich parallel sind, so haben alle Räume senkrecht zu einer Geraden $CQ_0$ die nämliche Fluchtebene, die Antipolarebene des Punktes $Q_0$; wir bezeichnen dieselbe dann mit $\varkappa_0^n$ und nennen sie die Normalräumefluchtebene von $Q_0$.

Es liegt der Punkt $Q_0^n$ auf dem aus $C_1$ auf $\varkappa_0$ gefällten Perpendikel (§ 7); nennen wir den Fußpunkt desselben $H$ (Fig. 17), so ist infolge der Rechtwinkligkeit des Dreiecks $HCQ_0^n$

$$C_1H \cdot C_1Q_0^n = -d^2.$$

Schreiben wir für $-d^2$ lieber $(d\sqrt{-1})^2$, so sehen wir, daß Pol und Antipolarebene in bezug auf die reelle Distanzkugel übergehen in Pol und Polarebene in bezug auf die imaginäre Kugel um $C_1$ als Mittelpunkt und mit dem Radius $d\sqrt{-1}$. Dieser imaginären Kugel sind wir früher schon begegnet (§ 6), denn sie ist das zum Winkel $\operatorname{tg}\varphi = \pm i$ gehörige Neigungshyperboloid. Projizieren wir sie aus dem Punkte $C$, so erhalten wir, wie wir a. a. O. zeigten, den isotropen Kegelraum

$x^2 + y^2 + z^2 + u^2 = 0$ (oder den Nullkugelraum) des Operationsraumes vom Mittelpunkte $C$, und dieser schneidet den unendlich fernen Raum $U_3$ des Operationsraumes in der absoluten unendlich fernen Kugel. Wenn nun $Q_0$ und $\varkappa_0^n$ (oder $Q_0^n$ und $\varkappa_0$) Pol und Polarebene sind in bezug auf die um $C_1$ beschriebene imaginäre Kugel, so sind $CQ_0$ und $C\varkappa_0^n$ Polstrahl und Polarraum in bezug auf den isotropen Kegelraum, und es sind der unendlich ferne Punkt von $CQ_0$ und die unendlich ferne Ebene von $C\varkappa_0^n$ Pol und Polarebene in bezug auf die absolute Kugel im Unendlichen; oder noch anders, es bilden die Geraden und die zu ihnen senkrechten Räume durch $C$ ein sogenanntes orthogonales Polarsystem, und der Direktrixraum desselben ist eben der isotrope Kegelraum.

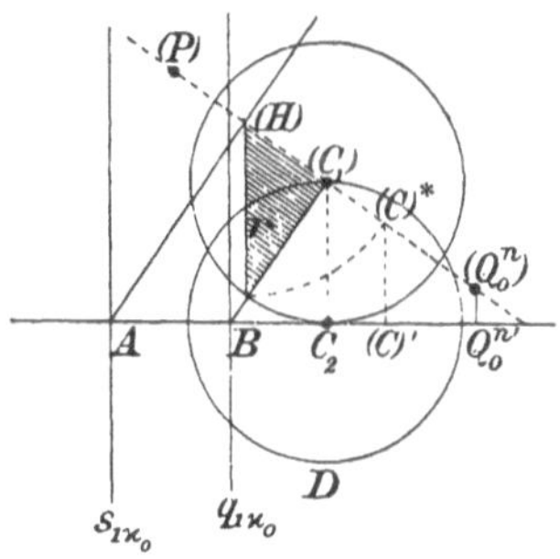

Fig. 17.

Ist $CQ_0$ senkrecht zum Raume $C\varkappa_0^n$, so ist sie senkrecht zu sämtlichen Geraden und zu sämtlichen Ebenen desselben, insbesondere also zu denjenigen durch $C$, und umgekehrt gibt es keine zu $CQ_0$ senkrechten Geraden und Ebenen durch $C$ außerhalb des Raumes $C\varkappa_0^n$; hieraus ergeben sich sofort die beiden folgenden Bedingungen:

„Sollen eine Gerade und eine Ebene zueinander senkrecht sein, so muß die Fluchtlinie der Ebene in der Normalräumefluchtebene des Fluchtpunktes der Geraden liegen.“ Und:

„Sollen zwei Gerade zueinander senkrecht sein, so muß jeder der beiden Fluchtpunkte in der Normalräumefluchtebene des andern liegen.

Denken wir durch $C$ zwei beliebige Gerade und die zu ihren Fluchtpunkten $1Q_0$, $2Q_0$ gehörigen Normalräumefluchtebenen $1\varkappa_0^n$, $2\varkappa_0^n$. Jede der beiden Geraden ist senkrecht zu sämtlichen Geraden des ihm zugeordneten Raumes, zu den Geraden der Schnittebene beider Räume sind also beide Gerade zugleich senkrecht, d. h. die Schnittebene der beiden Räume und die Verbindungsebene der beiden Geraden sind vollständig normal zueinander; die letztere schneidet $R_3^g$ in der Geraden $q_0 = 1Q_0\,2Q_0$, die erstere in der Geraden $q_0^n$ gleich der Schnittlinie von $1\varkappa_0^n$ und $2\varkappa_0^n$, und jede derselben kann als die Antipolare der andern hinsichtlich der Distanzkugel bezeichnet werden; durchläuft ein Punkt die eine Gerade, so beschreibt die zugehörige Normalräumefluchtebene ein Ebenenbüschel um die andere und umgekehrt, d. h. die Normalräume aller Strahlen eines Strahlenbüschels bilden ebenfalls ein Büschel, und zwar um die im Scheitel des Strahlenbüschels auf dessen Ebene vollständig senkrecht stehende Ebene als Scheitelebene. Und wir finden die Bedingung:

„Sollen zwei Ebenen vollständig normal zueinander sein, so muß jede der beiden Fluchtlinien die Antipolare der andern rücksichtlich der Distanzkugel sein.“

Die Ebenen selbst, durch $C$ gedacht, sind dann konjugierte Polarebenen in bezug auf den isotropen Kegelraum, d. h. der Polarraum jeder Geraden durch $C$ und in der einen enthält die andere.

Sind eine Gerade und eine Ebene, beide durch $C$ gehend, senkrecht zueinander, so liegt die Gerade in der zur Ebene vollständig normalen Ebene, deren Fluchtlinie die zum $q_0$ der gegebenen Ebene zugeordnete Antipolare $q_0^n$ ist; wir können also das oben bereits aufgestellte Kriterium für die senkrechte Lage zwischen Gerade und Ebene durch das Folgende ergänzen:

„Sollen eine Gerade und eine Ebene zueinander senkrecht sein, so muß der Fluchtpunkt der Geraden in der Normalebenenfluchtlinie $q_0^n$ der Fluchtlinie $q_0$ der Ebene liegen.“

Es ist dieses neue Kriterium mit dem andern dadurch verbunden, daß die Gerade $CQ_0$, weil sie senkrecht ist zu jeder Ebene des Raumes $C\varkappa_0^n$, die gemeinsame Schnittlinie ist von sämtlichen Ebenen durch $C$, welche vollständig normal sind zu je einer Ebene dieses Raumes, d. h. also dadurch, daß die Normalebenenfluchtlinien $q_0^n$ sämtlicher Fluchtlinien $q_0$ der Fluchtebene $\varkappa_0^n$ ein Strahlenbündel vom Scheitel $Q_0$ bilden und umgekehrt.

Außer der vollständigen Orthogonalität, die wir bisher ausschließlich betrachtet haben, gibt es aber auch partielle Orthogonalität wie wir wissen, wie z. B. wenn eine Ebene nur die Richtung eines einzigen Perpendikels einer andern Ebene enthält, anstatt alle. Es sind hier im ganzen drei Fälle in Betracht zu ziehen, nämlich der soeben genannte, wo die Ebenen halb senkrecht genannt werden müssen,[1]) der Fall einer Ebene, welche die Richtung aller Normalen eines $R_3$ enthält, und wo die beiden Gebilde ebenfalls halb senkrecht zueinander sind, und der Fall zweier Räume, deren jeder die Richtung der Normalen des andern enthält, und wo also der Orthogonalitätsgrad $\frac{1}{3}$ ist.

Es ist sehr leicht, für jeden dieser drei Fälle die Bedingungen herzuleiten, denen die Fluchtelemente zu genügen haben. Sollen z. B. zwei Ebenen $1\varepsilon$, $2\varepsilon$ halb senkrecht zueinander sein, so muß die Parallelebene $C2q_0$ eine einzige Gerade durch $C$ enthalten senkrecht $C1q_0$, und dies wird der Fall sein, sobald $2q_0$ der Normalebenenfluchtlinie

[1]) P. H. Schoute, l. c. S. 49.

$1q_0^n$ von $1q_0$ begegnet. Dann aber wird auch umgekehrt die Gerade $1q_0$ der Normalebenenfluchtlinie $2q_0^n$ begegnen; denn weil die beiden ersteren Geraden sich schneiden, so liegen die beiden letzteren in der Antipolarebene des Schnittpunktes und schneiden sich also auch. Es werden jetzt die beiden Fluchtlinien, trotzdem sie nicht mehr völlig unabhängig voneinander sind, im allgemeinen windschief sein; wir haben dann den allgemeinen Fall von zwei halb senkrechten Ebenen, die irgend einen beliebigen Schnittpunkt haben, und dieser kann nach der F.-K. V (§ 8) ermittelt werden. Es kann aber $2q_0$ auch so gewählt werden, daß sie sowohl $1q_0$ wie $1q_0^n$ schneidet, was infolge der Antipolarität nach sich zieht, daß auch $2q_0^n$ die nämlichen Geraden schneidet; dann hängt alles von der Lage der Spuren ab. Sind diese windschief, so haben die beiden Ebenen den unendlich fernen Punkt der Schnittlinie der beiden Ebenen $C1q_0$, $C2q_0$ gemein, aber weiter nichts; sie sind dann halb senkrecht und zugleich halb parallel. Wenn sich aber die Spuren ebenfalls schneiden, so liegen die beiden Ebenen in dem durch die die Spuren verbindende Ebene als Spurebene und die die Fluchtlinien verbindende Ebene als Fluchtebene bestimmten Raume und haben infolgedessen eine Gerade gemein; sie sind dann nach wie vor halb senkrecht und halb parallel, zur Unterscheidung aber nennt man sie in diesem Falle stereometrisch normal.

Zusammenfassend können wir also sagen:

„Sollen zwei Ebenen halb senkrecht zueinander sein, so muß jede der beiden Fluchtlinien die Normalebenenfluchtlinie der andern schneiden; schneiden sich dann überdies die Fluchtlinien selbst auch, so sind die Ebenen außer halb senkrecht auch noch halb parallel, und wenn sich dann auch noch die Spuren begegnen, so sind sie stereometrisch normal.“

Die beiden andern Fälle lassen sich weit einfacher erledigen, weil eine Ebene und ein Raum immer eine Gerade, zwei Räume immer eine Ebene gemein haben, und also die Lagenbeziehung viel einfacher ist als bei zwei Ebenen. Man sieht sofort folgendes ein:

„Sollen eine Ebene und ein Raum halb senkrecht zueinander sein, so muß die Fluchtlinie der Ebene den Normalenfluchtpunkt $Q_0^n$ der Fluchtebene des Raumes enthalten, oder es muß die Fluchtebene des Raumes die Normalebenenfluchtlinie der Fluchtlinie der Ebene enthalten.“

Denn das erste sagt aus, daß die durch $C$ gedachte Ebene das Perpendikel in $C$ zum Raume enthält, und das zweite, daß die zur gegebenen vollständig normale Ebene durch $C$ im Raume $C\varkappa_0$ liegt. Aber sämtliche Gerade dieser letzteren Ebene sind ja u. a. senkrecht zum Perpendikel auf den Raum $C\varkappa_0$ und somit in diesem Raume enthalten. Weil die Fluchtlinie der Ebene die Fluchtebene des Raumes immer treffen muß, so sind die beiden Gebilde immer zum mindesten halb parallel, auch dann wenn sie überdies halb senkrecht sind.

Was endlich zwei Räume anbetrifft, haben wir folgendes:

„Sollen zwei Räume ein drittel senkrecht zueinander sein, so muß jede der beiden Fluchtebenen durch den Normalenfluchtpunkt der Fluchtebene des andern gehen."

Und weil die beiden Fluchtebenen immer eine Gerade gemein haben müssen, so sind die beiden Räume stets $\frac{2}{3}$ parallel, auch dann wenn sie $\frac{1}{3}$ senkrecht sind.

§ 11. Anschließend an die Erörterungen des vorhergehenden Paragraphen wollen wir nun zunächst die beiden Aufgaben lösen, auf die sich bei Problemen über Rechtwinkligkeit die Bestimmung der Fluchtelemente immer zurückführen läßt, nämlich die Bestimmung des Punktes $Q_0^n$ aus $\varkappa_0$ (oder umgekehrt $\varkappa_0^n$ aus $Q_0$) und die Bestimmung von $q_0^n$ aus $q_0$. Trotz ihrer Einfachheit wollen wir sie, ihrer fundamentalen Bedeutung wegen, unter die Fundamentalkonstruktionen aufnehmen; wir schreiben also:

### *Fundamentalkonstruktion XI.*

Den Normalenfluchtpunkt $Q_0^n$ der Fluchtebene $\varkappa_0$ eines Raumes zu bestimmen (oder umgekehrt).

Wir legen (Fig. 17) durch $C_1 C_2$ die Ebene $\perp s_{1\varkappa_0}$ (Spur durch $C_2 \perp s_{1\varkappa_0}$) und schneiden dieselbe mit $\varkappa_0$ und mit der Distanzkugel; der Schnitt mit der letzteren ist offenbar ein Großkreis, der in $C_2$ die Spur der Ebene berührt. Nun legen wir diese Ebene in die Bildebene um und finden als Antipol der umgelegten Schnittgeraden in bezug auf den umgelegten Schnittkreis die Umlegung $(Q_0^n)$ des gesuchten Punktes $Q_0^n$, und damit auch seine orthogonale Projektion $Q_0^{n\prime}$ auf die Tafel und seine senkrechte Entfernung von derselben. Die Lösung des umgekehrten Problems versteht sich nun von selbst.

### *Fundamentalkonstruktion XII.*

Die Normalebenenfluchtlinie $q_0^n$ der Fluchtlinie $q_0$ einer Ebene zu bestimmen.

Die einsprojizierende Ebene von $q_0$ wird mit der Distanzkugel geschnitten (Fig. 18) und mit dem Schnittkreis und $q_0$ selbst um die Spur $q_{01}$ in die Tafel umgelegt, wobei $C_1$ in die Lage $(C_1)$ und somit $q_0$ in die Lage $(q_0) \parallel (C_1) Q_1$ kommt. Die Gerade $q_0^n$ steht nun im

Antipol von $q_0$ in bezug auf den Schnittkreis auf der Ebene $C_1 q_0$ senkrecht und hat somit ihren Fluchtpunkt $Q_1^n$ im Normalenfluchtpunkte der Geraden $q_{01}$, der aus demselben rechtwinkligen Dreieck hervorgeht, mit dessen Hilfe $(C_1)$ gefunden wird. Die Projektion $P_1$ des Antipols $P$ aus $C_1$ auf die Tafel fällt natürlich auf $q_{01}$, folglich ist $q_{01}^n$ die Verbindungslinie von $P_1$ mit $Q_1^n$. Und weil die Gerade $C_2 Q_1^n$ die orthogonale Projektion des Parallelstrahles von $q_0^n$ auf die Tafel ist, so ist der Durchstoßpunkt $S_1$ von $q_0^n$ der Schnittpunkt von $q_{01}^n$ mit dem Perpendikel aus $(P)$ auf $q_{01}$.

Durch Kombination dieser beiden neuen Fundamentalkonstruktionen mit den zehn früheren werden nun sämtliche Probleme lösbar, bei denen es sich außer um reine Lagenbeziehungen auch noch um Rechtwinkligkeit, aber auch nur um diese, handelt. Soll z. B., um aus der langen Reihe von Beispielen, die hier einzuschalten wären, nur einige wenige herauszugreifen, durch einen gegebenen Punkt ein Raum gelegt werden senkrecht einer gegebenen Geraden, oder eine Ebene vollständig senkrecht einer gegebenen Ebene, so wird man im ersten Falle die dem Fluchtpunkte $Q_0$ der Geraden konjugierte Normalräumefluchtebene $\varkappa_0^n$, im zweiten die der Fluchtlinie $q_0$ zugeordnete Normalebenenfluchtlinie $q_0^n$ bestimmen; es ist dann im ersten Falle die unendlich ferne Ebene des gesuchten Raumes, im zweiten die unendlich ferne Gerade der gesuchten Ebene bestimmt, und es sind also die beiden Aufgaben Spezialfälle von F.-K. IX und resp. VIII. Soll, um ein etwas komplizierteres Beispiel vorzuführen, durch einen Punkt ein $R_3$ gelegt werden $\frac{1}{3}$ senkrecht zu einem gegebenen $R_3$ und $\frac{1}{2}$ senkrecht zu einer gegebenen Ebene, so entnehmen wir den Kriterien des vorhergehenden Paragraphen, daß die Fluchtebene des gesuchten Raumes erstens den Normalenfluchtpunkt $Q_0^n$ der Fluchtebene des gegebenen Raumes, zweitens die Normalebenenfluchtlinie $q_0^n$ der Fluchtlinie der gegebenen Ebene enthalten muß, so daß sie bestimmt ist; hiermit ist dann die Aufgabe zurückgeführt auf die F.-K. IX. Für weitere Beispiele weisen wir wiederum auf Prof. Schoutes Lehrbuch hin, insbesondere auf den § 5.

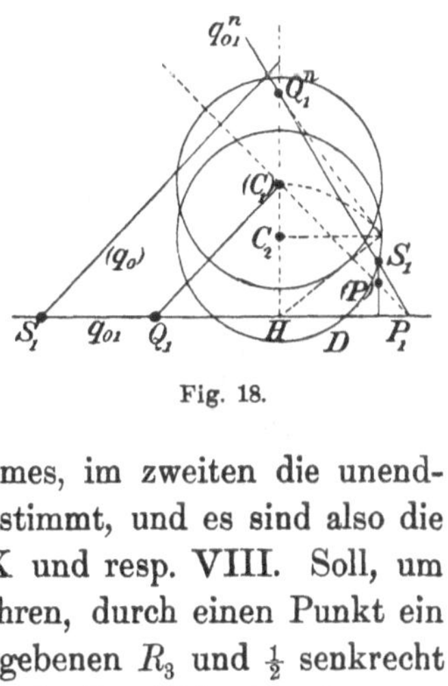

Fig. 18.

Fortfahrend in der theoretischen Entwickelung wollen wir nun, zum Zwecke der Vorbereitung der Lösung auch solcher Aufgaben, wo neben den Lagenbeziehungen auch metrische Relationen eine Rolle spielen, die Umlegung eines nullprojizierenden Raumes samt der in demselben enthaltenen Figuren in den Projektionsraum $R_3^p$ studieren, und zwar knüpfen wir hier an an die Figur 17. Durch das Projektionszentrum $C$ und durch jeden andern Punkt $P$ des gedachten Raumes kann eine einzige Ebene gelegt werden, welche vollständig normal ist zur Schnittebene $\varkappa_0$ dieses Raumes mit $R_3^p$, und alle diese Ebenen sind unter sich parallel und schneiden $\varkappa_0$ in den Fußpunkten der aus den gegebenen Punkten $P$ auf $\varkappa_0$ gefällten Perpendikel. Läßt man jetzt alle Punkte $P$ um die Fußpunkte ihrer Perpendikel und in den durch sie gelegten Ebenen im nämlichen Sinne um den nämlichen Winkel drehen, so bleiben sämtliche Längen- und Winkelrelationen zwischen den Punkten $P$ ungeändert, d. h. es hat der projizierende Raum selbst als ein starres Ganzes eine Rotation ausgeführt um die Ebene $\varkappa_0$. Dabei ist nun von fundamentaler Bedeutung die Frage, wohin das umgelegte Zentrum fällt; allein diese Frage ist sehr einfach zu beantworten. Die Gerade $CC_1$ ist senkrecht zu $R_3^p$ überhaupt, also auch zur Ebene $\varkappa_0$, und die Gerade $C_1H$ (Fig. 17) innerhalb $R_3^p$ ist ebenfalls senkrecht zu $\varkappa_0$, folglich ist die Ebene $CC_1H$ die vollständig normale Ebene durch $C$ zu $\varkappa_0$, $H$ ihr Schnittpunkt mit $\varkappa_0$ und $C_1H$ ihre Schnittlinie mit $R_3^p$. Soll nun also der projizierende Raum um die Ebene $\varkappa_0$ in $R_3^p$ umgelegt werden, so hat der Punkt $C$ in der Ebene $CC_1H$ einen Kreis zu beschreiben vom Mittelpunkte $H$ und vom Radius $CH = r$, welch letzterer aus dem schraffierten Dreieck sofort erhalten wird, denn dasselbe ist rechtwinklig am Punkte $(C_1)$ und hat zu Katheten die Geraden $C_1H$ und die Distanz, und zwar muß die Umlegung $(C)$ des Punktes $C$ auf die Gerade $C_1H$ fallen, weil diese ja die Schnittlinie der Ebene $CC_1H$ mit $R_3^p$ ist; die beiden Punkte von $C_1H$ in der konstruierten Entfernung $r$ von $H$ sind also die beiden möglichen Lagen des umgelegten Zentrums, entsprechend dem einen oder andern Drehungssinn des Raumes. In der Figur ist bloß die eine dieser beiden Lagen angegeben worden, und zwar ist vom Punkte $(C)$ noch die Umlegung in $R_2^p$ konstruiert worden mit der Ebene $C_1C_2(C)$ — welche Hilfsumlegung wir $(C)^*$ genannt haben —, sowie die orthogonale Projektion $(C)'$ von $(C)$ auf $R_2^p$. Durch diese Daten ist der Punkt $(C)$ im Raume natürlich bestimmt.

Es soll insbesondere $\varkappa_0$ den Punkt $C_1$ enthalten, was zur Folge hat, daß der gegebene nullprojizierende Raum die Gerade $CC_1$ enthält und somit ein drittel senkrecht ist zu $R_3^p$ (§ 10). Die Punkte $C_1$ und $H$ fallen zusammen, und der Radius des von $C$ beschriebenen Kreises wird gleich der Distanz; $(C)$ fällt also auf die Distanzkugel, und zwar in einen der beiden Endpunkte des zu $\varkappa_0$ senkrechten Durchmessers.

Soll insbesondere der Raum $R_3^c$ (§ 3) umgelegt werden, so findet die Drehung statt um die Ebene $R_2^p$; die Normalebene durch $C$ ist $C C_1 C_2$, und die Schnittlinie derselben mit $R_3^p$ ist $C_1 C_2$, der Radius des von $C$ beschriebenen Kreises ist $\sqrt{C_1 C^2 + C_1 C_2^2} = d\sqrt{2}$, und es ist also $(C)$ einer der beiden Punkte auf der Geraden $C_1 C_2$ und in der Entfernung $d\sqrt{2}$ von $C_2$.

Ist endlich $\varkappa_0$ unendlich entfernt, der gegebene Raum also parallel $R_3^p$, so geht die Rotation über in eine Translation; es gleitet der Punkt $C$ längs der Geraden $C C_1$, und $(C)$ fällt auf $C_1$, und dies ist die einzig mögliche Lage des umgelegten Zentrums für diesen Fall. Und daß in allen diesen Fällen, sobald der Punkt $C$ in $R_3^p$ angekommen ist, auch wirklich alle Punkte des gedrehten Raumes in $R_3^p$ liegen, ist eine Folge des Umstandes, daß die beiden Räume eine Ebene, nämlich $\varkappa_0$, und einen außerhalb derselben liegenden Punkt $(C)$ gemein haben und somit identisch sind, denn eine Ebene und ein Punkt bestimmen einen Raum.

Das Problem, eine im Operationsraume beliebig angenommene Ebene um ihre Spur in $R_3^p$ umzulegen, ist ebensowenig bestimmt wie in der dreidimensionalen Zentralprojektion die Umlegung einer Geraden in die Bildebene. Allerdings kann man aus einem Punkte der Ebene auf ihre Spur nur ein Perpendikel fällen, aber umgekehrt kann man im Fußpunkte desselben auf die Spur ein ganzes Bündel von Senkrechten errichten, denn dieselben erfüllen ja einen Raum, und es kann somit die Ebene, als starres Gebilde aufgefaßt, um ihre Spur herum Bewegungen ausführen, bei denen ihre Punkte sich nicht in Kreisen, sondern in Kugeloberflächen bewegen. Das Problem wird also erst dann bestimmt, wenn wir durch die Ebene einen Raum legen und nun diesen um seine Spurebene in den Projektionsraum umklappen. Es ist von Vorteil, diesen Raum als nullprojizierend vorauszusetzen, denn damit führen wir die Aufgabe auf die unmittelbar vorhergehende zurück.

Es sei (Fig. 19) die in gewohnter Weise (§ 5) bestimmte Ebene $\varepsilon$ die gegebene. Ihr nullprojizierender Raum schneidet $R_3^p$ in $\varepsilon_0$, d. h. es ist $\varepsilon_0$ zugleich die Flucht- und Spurebene $\varkappa_0$ des Raumes. Wir legen nun wieder zunächst die Ebene durch $C_1 C_2 \perp s_1$ von $\varepsilon_0$ mit ihrer Schnittlinie mit $\varepsilon_0$ in die Bildebene um, bestimmen wie in Fig. 17 den Punkt $(H)$, die Umklappung des Mittelpunktes des bei der Umlegung des projizierenden Raumes von $C$ beschriebenen Kreises, und aus dem rechtwinkligen Dreieck $(H)(C_1)(K)$, dessen Kathete $C_1 K$ gleich der Distanz gemacht worden ist, den Radius $HK$ dieses Kreises und damit die Hilfsumklappung $(C)^*$ des Zentrums und dessen orthogonale Projektion $(C)'$ auf $R_2^p$. Betrachten wir nun die Ebene $\varepsilon$ selbst und ihre Parallelebene $\varepsilon^*$ durch $C$, welch letztere $R_3^p$ in der Fluchtlinie $q_0$ schneidet und natürlich ebenfalls in dem projizierenden Raume von $\varepsilon$ enthalten ist. Durch die Umlegung kommt $C$ nach $(C)$, und weil $q_0$ als eine Gerade der Ebene $\varepsilon_0$, um welche herum die Drehung stattfindet, an ihrem Platze bleibt, so wird die Ebene $(\varepsilon^*)$ die Verbindungsebene von $q_0$ mit $(C)$. Diese ist aber leicht zu ermitteln; denn es ist $C_2 Q_1$ die orthogonale Projektion des Parallelstrahles der Geraden $q_0$ durch $C_1$ auf $R_2^p$, folglich die Parallele dazu durch $(C)'$ diejenige des Parallelstrahles von $q_0$ durch $(C)$, und dieser letztere schneidet $R_2^p$ in einem Punkte $S_1^*$, der erhalten wird als Schnittpunkt der genannten Parallele durch $(C)'$ mit der Geraden $Q_1(C)_1$, wo $(C)_1$ den Durchstoßpunkt von $H(C)$ und zugleich die Einsprojektion des Punktes $(C)$ bedeutet; denn es liegen ja die Parallelen zu $q_0$ durch $C_1$ und $(C)$ offenbar in einer Ebene, deren Spur eben die Gerade $Q_1(C)_1$ ist. Wir haben jetzt also die Gerade $q_0$ und ihren Parallelstrahl durch $(C)$; diese beiden bestimmen offenbar die Ebene $(\varepsilon^*)$, denn die Spur derselben verbindet das $S_1$ von $q_0$ mit dem soeben konstruierten Punkte $S_1^*$, und die Fluchtlinie verläuft parallel dazu durch $Q_1$. Hiermit ist die Aufgabe erledigt; denn die Ebene $(\varepsilon)$ selbst ist nun die Parallelebene zu $(\varepsilon^*)$ durch das $s_0$ von $\varepsilon$, d. h. $(\varepsilon)$ hat die nämliche Fluchtlinie wie $(\varepsilon^*)$, während die Spur den Durchstoßpunkt $S_1$ von $s_0$ enthalten muß.

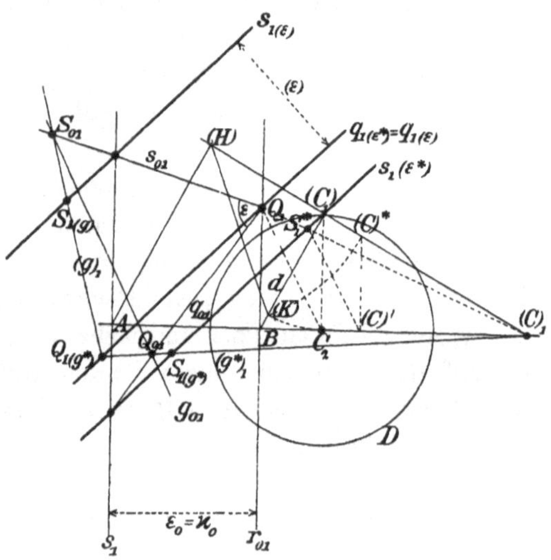

Fig. 19.

Wenn nun schon die Umlegung einer Ebene in $R_3^p$ zu einer unbestimmten Aufgabe führt, so ist dies natürlich noch in erhöhtem Maße mit der Geraden der Fall. Soll eine Gerade in $R_3^p$ umgeklappt werden, so legen wir durch dieselbe zunächst eine beliebige Ebene $\varepsilon$ und durch diese den nullprojizierenden Raum; dann aber ist die Aufgabe auch sofort gelöst. Denn es verbindet (Fig. 19) der umgelegte Parallelstrahl $(g^*)$ von $g$ den Punkt $(C)$ mit dem an seinem Platze gebliebenen $Q_0$ von $g$, und es geht infolgedessen die Einsprojektion $(g^*)_1$ von $(g^*)$ durch $Q_{01}$ und $(C)_1$, und weil $(g^*)$ in $(\varepsilon^*)$ liegt, so sind Durchstoßpunkt und Fluchtpunkt derselben die Schnittpunkte von $(g^*)_1$ mit Spur und Fluchtlinie von $(\varepsilon^*)$. Die Gerade $(g)$ selbst enthält nun den am Platze gebliebenen Durchstoßpunkt $S_0$, ist parallel zu $(g^*)$ und liegt in $(\varepsilon)$; ihre Einsprojektion und ihr Durchstoßpunkt sind damit bestimmt, denn $(g)_1$ verbindet den Fluchtpunkt $Q_1$ von $(g^*)_1$ mit $S_{01}$, und $S_{1(g)}$ ist der Schnittpunkt von $(g)_1$ mit $s_{1(\varepsilon)}$.

§ 12. Durch die Entwickelungen der vorhergehenden Nummer gelangen wir nun in den Besitz der Lösungen einer neuen Kategorie von Aufgaben, nämlich derjenigen, bei denen es sich handelt um die kürzeste Entfernung zweier linearen Räume; alle diese Aufgaben nämlich werden vermittels der Orthogonalität zurückgeführt auf die Bestimmung der Entfernung zweier Punkte,[1]) und diese Entfernung kann nun eben mit Hilfe der in der vorhergehenden Nummer angestellten Betrachtungen leicht konstruiert werden. Wir wollen diese Aufgabe, weil mehrere andere auf sie zurückführen, wieder unter die Fundamentalaufgaben aufnehmen und schreiben also:

*Fundamentalkonstruktion XIII.*

Man soll die wahre Entfernung zweier gegebenen Punkte konstruieren.

Wenn, um gleich den allgemeinsten Fall zu haben, die beiden Punkte auf zwei windschiefen Trägern gegeben sind, so muß in erster Linie die Verbindungslinie gezogen und durch die vier Hauptpunkte $S_1$, $R_{01}$, $S_{01}$, $Q_{01}$ bestimmt werden (§ 3), welches Problem auf die Fundamentalkonstruktion VII (§ 9) zurückführt; zur Vermeidung von Komplikationen, welche die Deutlichkeit nur beeinträchtigen würden, setzen wir diese Konstruktion als bereits durchgeführt voraus oder nehmen mit andern Worten in unserer Figur 20 an, es sei die Verbindungslinie $g$ der gegebenen Punkte $A$ und $B$ durch ihre Projektion $g_{01}$ und die vier soeben genannten Punkte bestimmt. Es handelt sich nun darum, diese Gerade $g$ auf die einfachste Weise in $R_3^0$ umzulegen. Zu dieser Umlegung bedürfen wir (§ 11) einer Ebene $\varepsilon$ durch $g$ und eines Raumes $R_3$ durch $\varepsilon$; die in bezug auf die praktische Durchführung einfachste Ebene ist aber zweifelsohne die nullprojizierende von $g$, denn diese schneidet $R_3^0$ in $g_0$ und ist durch diese Gerade allein schon bestimmt; wir wählen also die nullprojizierende Ebene von $g$ als Ebene $\varepsilon$. Durch $\varepsilon$ müssen wir jetzt einen Hilfsraum legen;

[1]) P. H. Schoute, l. c. S. 54.

es ist am vorteilhaftesten, diesen Hilfsraum durch die Gerade $CC_1$ gehen zu lassen, oder mit andern Worten als Fluchtebene $\varkappa_0$ (oder Spurebene, denn der Raum ist nullprojizierend) die Ebene durch $g_0$ und den Punkt $C_1$ zu wählen, denn es ist diese Ebene einsprojizierend und somit durch ihre Schnittlinie $g_{01}$ mit $R_2^{\varrho}$ allein schon bestimmt. Auf diese Weise gelingt es, die Ebene $\varepsilon$ und den projizierenden Hilfsraum einzuführen, ohne daß irgend eine Gerade gezogen zu werden braucht. Im Vorübergehen bemerken wir, daß der Hilfsraum ein drittel senkrecht zu $R_3^{\varrho}$ ist.

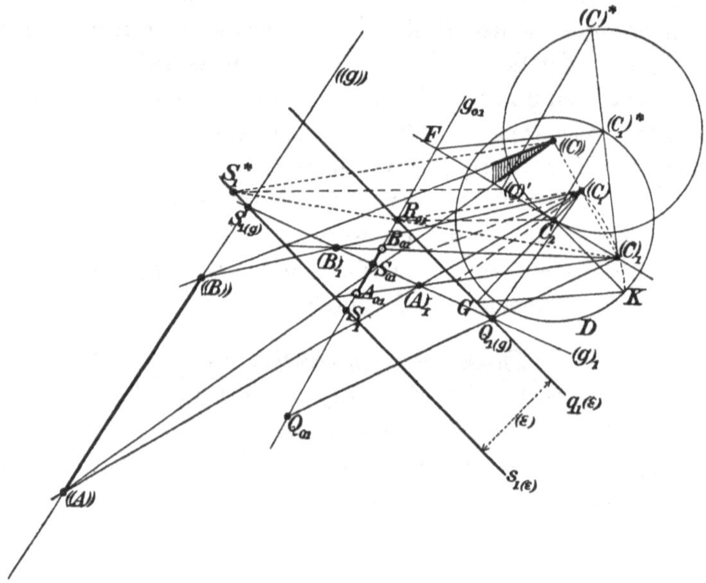


Fig. 20.

Wir legen nun zunächst den Hilfsraum um die Ebene $\varkappa_0$ in $R_3^{\varrho}$ um. Weil $\varkappa_0$ den Punkt $C_1$ enthält, fällt $(C)$ auf die Distanzkugel, und zwar in einen der beiden Endpunkte des zu $\varkappa_0$ senkrechten Durchmessers derselben (§ 11); nun ist $\varkappa_0$ bestimmt durch $C_1$ und ihre Schnittlinie $g_{01}$ mit $R_2^{\varrho}$; legen wir also durch die Gerade $C_1C_2$ die zu $g_{01}$ senkrechte Ebene $C_1C_2F$, so erhalten wir in der Umlegung derselben um ihre Spur $C_2F$ in die Tafel zunächst die umgelegte Schnittlinie $(C_1)^*F$ und senkrecht dazu die Hilfsumlegung $(C)^*$ des Zentrums $C$, sowie dessen orthogonale Projektion $(C)'$ und dessen zentrale Einsprojektion $(C)_1$.

Wie erhalten wir nun die Umlegung $(\varepsilon)$ von $\varepsilon$? Es hat $\varepsilon$ eine Drehung ausgeführt um ihre Spur $g_0$, welch letztere am Platze geblieben ist; wir haben also einfach die Ebene zu legen durch $g_0$ und

$(C)$, und diese Ebene bestimmen wir außer durch $g_0$ selbst durch die Parallele zu dieser durch $(C)$, und diese Parallele erhalten wir genau in der nämlichen Weise wie in der Fig. 19. Es ist $C_2 R_{01}$ die orthogonale Projektion des Parallelstrahles zu $g_0$ durch $C_1$, somit die Parallele dazu durch $(C)'$ diejenige des Parallelstrahles durch $(C)$, und der Durchstoßpunkt dieses letzteren liegt im Schnittpunkte $S_1^*$ seiner Projektion mit der Geraden $(C)_1 R_{01}$, weil diese die Spur der Ebene ist, in welcher die beiden Parallelen zu $g_0$ enthalten sind. Die Ebene $(\varepsilon) = (C) q_0$ ist nun bestimmt; denn ihre Spur enthält den Punkt $S_1$ von $g_0$ und den Punkt $S_1^*$, und ihre Fluchtlinie geht durch $R_{01}$.

Jetzt wenden wir uns zur Geraden $g$. Bei der Umlegung der Ebene $\varepsilon$ hat $g$ selbst eine Drehung ausgeführt um $S_0$, ihr Parallelstrahl durch $C$ eine solche um $Q_0$, und es ist somit die Umlegung dieses letzteren die Gerade $(C) Q_0$; die Einsprojektion dieser Umlegung ist also die Gerade $(C)_1 Q_{01}$, und weil die Umlegung selbst in $(\varepsilon)$ enthalten ist, so sind ihr Durchstoßpunkt und ihr Fluchtpunkt die Schnittpunkte ihrer Einsprojektion $(C)_1 Q_{01}$ mit $s_1$ und $q_1$ von $(\varepsilon)$. Die Umlegung $(g)$ von $g$ selbst geht durch $S_0$ parallel $(C) Q_0$; ihre Einsprojektion verbindet also den Fluchtpunkt von $(C) Q_0$, der gerade konstruiert worden ist, mit $S_{01}$, und ihr Durchstoßpunkt mit $R_2^p$ liegt auf $s_{1(\varepsilon)}$. Die Umlegungen $(A)$ und $(B)$ der gegebenen Punkte $A$ und $B$ endlich erhalten wir als die Schnittpunkte von $(C) A_0$, $(C) B_0$ mit $(g)$, ihre Einsprojektionen also, $(A)_1$, $(B)_1$, als die Schnittpunkte von $(g)_1$ mit $(C)_1 A_{01}$, $(C)_1 B_{01}$, und hiermit ist nun die Aufgabe so gut wie gelöst. Denn bei der jetzt vollzogenen Umlegung der Strecke $AB$ in $R_3^p$ hat sich natürlich deren Länge nicht geändert; die Entfernung der beiden nunmehr im Projektionsraume liegenden Punkte $(A)$ und $(B)$ ist also gleich der gesuchten $AB$. Wir legen also schließlich, und dies ist nun ein einfaches dreidimensionales Problem, die Ebene $(\varepsilon)$ und ihre Parallelebene durch $C_1$ in die Bildebene um, indem wir mittels des rechtwinkligen Dreiecks $C_2 G K$ den Punkt $(C_1)$ ermitteln, und konstruieren die Umlegung der Umlegung von $g$, also $((g))$, als die Parallele durch $S_{1(g)}$ zu der Geraden $(C_1) Q_{1(g)}$; wenn wir dann schließlich die Punkte $(A)_1$, $(B)_1$ aus $(C_1)$ auf $((g))$ projizieren, so erhalten wir in der Strecke $((A))((B))$ die gesuchte Entfernung. Und wenn wir dann auch noch den Punkt $((C))$, also die Umlegung des in $(\varepsilon)$ enthaltenen Punktes $(C)$, bestimmen als den Schnittpunkt der Parallele durch $S_1^*$ zu $(C_1) R_{01}$ mit $(C_1)(C)_1$, so erhalten wir im Dreieck $((C))((A))((B))$ die wahre Größe und Gestalt des $\triangle\, CAB$ in $R_4$. Dabei fehlt es in der Zeichnung nicht an Proben der Genauigkeit; denn $((C))((A))$ z. B. ist die Umlegung von $(C)_1 (A)_1$, sie geht somit durch den Schnittpunkt dieser letzteren Geraden mit $s_{1(\varepsilon)}$ und ist parallel zur Verbindungslinie des Schnittpunktes der nämlichen Geraden mit $q_{1(\varepsilon)}$ mit $(C_1)$; und das nämliche gilt von $CB$.

Es schließen sich nun, wie schon bemerkt, an diese Fundamentalkonstruktion die verschiedenen Probleme über Abstandbestimmung an; wir wollen also jetzt diese der Reihe nach besprechen.

Aufgabe. Man soll den Abstand eines Punktes $P$ von einem gegebenen Raume $R_3$ bestimmen.[1])

Es wird dieser Abstand gemessen auf dem aus $P$ auf $R_3$ gefällten Lote; wir haben also in erster Linie den Normalenfluchtpunkt $Q_0^n$ der Fluchtebene $\varkappa_0$ von $R_3$ zu bestimmen (§ 11, F.-K. XI) und sodann durch $P$ die Gerade zu legen vom Fluchtpunkte $Q_0^n$, was, wenn $P$ auf einem beliebigen Träger gegeben ist, auf einen früher (§ 9) besonders betonten Spezialfall der F-K. VII hinausläuft. Nachdem diese Gerade gehörig bestimmt worden ist, wird mittels der F.-K. III (§ 8) ihr Schnittpunkt mit dem gegebenen Raume konstruiert, und dann wird nach der soeben studierten F.-K. XIII die Entfernung dieses Schnittpunktes von $P$ bestimmt.

Aufgabe. Man soll den Abstand eines Punktes $P$ von einer Ebene $\varepsilon$ bestimmen.

Man kann hier in verschiedener Weise vorgehen. Der gesuchte Abstand wird gemessen auf dem aus $P$ auf $\varepsilon$ gefällten Perpendikel, und dieses Perpendikel ist in dem Raume $P\varepsilon$ enthalten; man kann also zunächst diesen Raum bestimmen (§ 9, F.-K. IX), indem man durch $P$ die Parallelebene zu $\varepsilon$ legt usf. Konstruiert man sodann zu $q_0$ von $\varepsilon$ die Normalebenenfluchtlinie $q_0^n$ (§ 11, F.-K. XII), so wird diese die Fluchtebene $\varkappa_0$ des Raumes $P\varepsilon$ in einem gewissen Punkte $Q_0^n$ schneiden, und die Gerade durch $P$ vom Fluchtpunkte $Q_0^n$ ist dann offenbar diejenige Senkrechte durch $P$ zu $\varepsilon$, welche $\varepsilon$ trifft; sie wird konstruiert nach § 9, F.-K. VII und mit $\varepsilon$ geschnitten nach § 8, F.-K. IV, während die Entfernung des Schnittpunktes von $P$ wieder konstruiert wird nach der jetzigen F.-K. XIII. Zu bemerken ist, daß $q_0^n$ niemals in die Ebene $\varkappa_0$ hineinfallen kann, so daß $Q_0^n$ niemals unbestimmt werden kann; denn zwei Antipolaren in bezug auf die Distanzkugel sind notwendigerweise windschief, oder, was genau dasselbe besagt, zwei vollständig normale Ebenen finden nur in $R_4$, nicht aber in einem $R_3$ Platz; jede Ebene durch $q_0$ liefert also mit $q_0^n$ einen bestimmten Schnittpunkt.

Man kann die Lösung der nämlichen Aufgabe auch noch etwas

---

[1]) Vergleiche für die Lösung dieser Aufgabe in Orthogonalprojektion P. H. Schoute, l. c. S. 112.

anders fassen;[1]) man kann nämlich durch $P$ die Ebene von der Fluchtlinie $q_0^n$ (Spezialfall von § 9, F.-K. VIII), d. h. also die vollständig normale Ebene zu $\varepsilon$ legen und diese mit $\varepsilon$ schneiden (§ 8, F.-K. V); der Schnittpunkt ist dann wiederum der Fußpunkt des aus $P$ auf $\varepsilon$ gefällten Perpendikels.

Aufgabe. Den Abstand eines Punktes $P$ von einer Geraden $g$ zu konstruieren.

Auch hier führen verschiedene Wege zum Ziel. Man kann erstens die Ebene $\varepsilon$ durch $P$ und $g$ bestimmen (§ 9, F.-K. VIII) und diese mit ihrem nullprojizierenden Raume in $R_3^p$ umklappen (§ 11); in der Umlegung muß dann aus $(P)$ das Perpendikel auf $(g)$ gefällt werden, was durch eine abermalige Umlegung von $(\varepsilon)$ in $R_2^p$ und unter Benutzung des Punktes $(C_1)$ ausgeführt werden kann. Oder aber[2]) man bestimmt die Normalräumefluchtebene $\varkappa_0^n$ des Fluchtpunktes $Q_0$ von $g$ (§ 11, F.-K. XI) und den Raum durch $P$, der diese Ebene zur Fluchtebene hat (§ 9, F.-K. IX). Dieser Raum, der offenbar zu $g$ normal ist, wird mit $g$ geschnitten (§ 8, F.-K. III), und die Entfernung des Schnittpunktes von $P$ wird ermittelt nach der F.-K. XIII.

Aufgabe. Die kürzeste Entfernung zweier windschiefen Geraden $_1g$ und $_2g$ zu bestimmen.

Das gemeinsame Perpendikel der beiden Geraden liegt in dem durch sie bestimmten Raume, denn es enthält ja zwei Punkte desselben; die natürlichste Lösung der Aufgabe wäre also wohl diese, daß man nach § 9, F.-K. VI diesen Raum bestimmen und innerhalb desselben dann das gemeinsame Lot konstruieren würde. Dazu wäre dann aber erforderlich die Umlegung dieses Raumes in $R_3^p$, und weil derselbe im allgemeinen natürlich nicht nullprojizierend ist, so müßten wir uns hier bereits der Mittel bedienen, die wir erst später (§ 16) kennen lernen werden; wir fügen deshalb noch eine zweite Lösung hinzu, welche nur die bereits früher entwickelten Hilfsmittel voraussetzt.[3]) Nachdem wie oben die Fluchtebene $\varkappa_0$ des durch die beiden Geraden bestimmten Raumes konstruiert worden ist, suchen wir die zur Verbindungslinie $q_0$ der Fluchtpunkte der Geraden gehörige Antipolare $q_0^n$ (§ 11, F.-K. XII) und schneiden dieselbe mit $\varkappa_0$. Das zum Schnittpunkte $Q_0^n$ gehörige Original $Q_\infty^n$ ist dann ein Punkt des durch die Geraden bestimmten Raumes; er bestimmt mit jeder der beiden Geraden eine Ebene (§ 9, F.-K. VIII), und die Schnittlinie derselben trifft die beiden Geraden und ist senkrecht zu ihnen, weil sie

[1]) P. H. Schoute, l. c. S. 114.
[2]) P. H. Schoute, l. c. S. 114.
[3]) P. H. Schoute, l. c. S. 115.

den Punkt $Q_\infty^n$ enthält; Anwendung der F.-K. XIII vollendet die Lösung.

Aufgabe. Man bestimme die kürzeste Entfernung einer Geraden $g$ von einer beliebigen Ebene $\varepsilon$.

Dieser Aufgabe begegnet man in der dreidimensionalen Geometrie nicht, und zwar aus dem Grunde, weil von Entfernung zwischen zwei linearen Räumen nur dann die Rede sein kann, wenn dieselben keinen im Endlichen liegenden Schnittpunkt gemein haben; denn es wird der Abstand immer gemessen auf einer Geraden, welche beide Gebilde senkrecht schneidet; haben nun z. B. $g$ und $\varepsilon$ einen endlichen Schnittpunkt $P$, so bestimmen sie einen $R_3$, und das in $P$ auf denselben errichtete Lot schneidet sowohl $g$ wie $\varepsilon$ senkrecht, ergibt aber einen Abstand Null. Es dürfen also $g$ und $\varepsilon$ keinen endlichen Schnittpunkt besitzen; der einzige in $R_3$ mögliche Fall ist also $g \parallel \varepsilon$, in $R_4$ aber können $g$ und $\varepsilon$ windschief sein, und diesen allgemeineren Fall setzen wir zunächst voraus. Wir konstruieren zu $Q_0$ die Normalräumefluchtebene $\varkappa_0^n$ (§ 11, F.-K. XI) und zu $q_0$ die Normalebenenfluchtlinie $q_0^n$ (§ 11, F.-K. XII) und bestimmen den Schnittpunkt $Q_0^n$ derselben; jede Gerade vom Fluchtpunkte $Q_0^n$ schließt dann sowohl mit $g$ wie mit $\varepsilon$ einen rechten Winkel ein, sei es auch ohne die beiden Gebilde zu schneiden. Nun aber bestimmt das Original $Q_\infty^n$ von $Q_0^n$ mit $g$ eine Ebene (§ 9, F.-K. VIII) und mit $\varepsilon$ einen Raum (§ 9, F.-K. IX), und diese Ebene und dieser Raum haben eine Schnittlinie (§ 8, F.-K. II), die den Punkt $Q_\infty^n$ enthält und sich von allen andern Senkrechten nun dadurch unterscheidet, daß sie sowohl $g$ wie $\varepsilon$ senkrecht schneidet; sie ist also das gesuchte gemeinsame Perpendikel, und die Entfernung ihrer Schnittpunkte wird erhalten durch Anwendung der F.-K. XIII.

Was geschieht nun aber, wenn $g$ und $\varepsilon$ parallel sind, also $Q_0$ auf $q_0$ liegt? Die Ebene $\varkappa_0^n$ ist dann die Antipolarebene eines Punktes von $q_0$ und enthält infolgedessen die Gerade $q_0^n$, so daß der Schnittpunkt $Q_0^n$ unbestimmt wird. Es muß also jetzt unendlich viele Gerade geben, welche sowohl $g$ wie $\varepsilon$ senkrecht schneiden, denn $Q_0^n$ darf jetzt auf $q_0^n$ angenommen werden ganz nach Belieben, und in der Tat, verbindet man einen beliebigen Punkt $Q_0^n$ von $q_0^n$ mit $Q_0$ durch eine Gerade und mit $q_0$ durch eine Ebene, so erhält man im ersten Falle die Fluchtlinie einer Ebene durch $g$, im zweiten die Fluchtebene eines Raumes durch $\varepsilon$, die Schnittlinie dieser beiden Gebilde aber projiziert sich auf $R_3^v$ offenbar in die Gerade $Q_0\,Q_0^n$ und liegt also ganz in unendlicher Ferne, denn sie enthält zwei verschiedene unendlich ferne Punkte $Q_\infty$ und $Q_\infty^n$; es gibt also in der Tat unendlich viele Gerade, welche $g$ und $\varepsilon$ senkrecht schneiden, allein dieselben gehen durch $Q_\infty$ und sind also für die Bestimmung der Entfernung nutzlos. Nun aber liegen $g$ und $\varepsilon$ offenbar in einem $R_3$, dessen Spurebene $\sigma_0$ man findet, indem man durch den Durchstoßpunkt von $g$ und die Spur von $\varepsilon$ eine Ebene legt, und dessen Fluchtebene $\varkappa_0$ die Parallelebene zu dieser durch $q_0$ ist. Diese Fluchtebene schneidet nun $q_0^n$ in einem bestimmten Punkte (vgl. die Bemerkung bei der Bestimmung der Entfernung Punkt — Ebene), und wenn man insbesondere diesen als $Q_0^n$ wählt, so liegt die Ebene durch dessen Original $Q_\infty^n$ und $g$ ganz innerhalb des Raumes $Q_\infty^n \varepsilon$, und es wird also die Schnittlinie beider unbestimmt; jede Gerade durch $Q_\infty^n$ innerhalb dieser Ebene schneidet sowohl $g$ wie $\varepsilon$ senkrecht, und jede ergibt also den gesuchten Abstand, der natürlich auf allen gleich groß ausfällt.

§ 13. In diesem neuen Paragraphen geben wir eine weitere Anwendung der Umlegung eines projizierenden Raumes in $R_3^p$, indem wir von den Problemen der Winkelbestimmung handeln und also von den bereits im ersten Abschnitt studierten speziellen Fällen dieser Probleme, wo immer $R_3^p$ oder $R_3^p$ selbst eine Rolle spielten, zu den allgemeinen Fällen emporsteigen.

Das Prinzip, welches hier an die Spitze gestellt werden muß, und durch welches die Zentralprojektion auf diesem Gebiete einen entschiedenen Vorsprung vor andern Projektionsmethoden besitzt, besteht hierin, daß in der Regel nicht die gesuchten Winkel selbst konstruiert werden, sondern solche, die mit diesen parallel und folglich von gleicher Größe sind, und erhalten werden durch Parallelverschiebung der gegebenen Gebilde an das Zentrum $C$. Soll z. B. der Winkel zweier sich schneidender oder auch zweier windschiefer Geraden bestimmt werden, so genügt zur Konstruktion die Kenntnis der Fluchtpunkte, indem die Verbindungslinien derselben mit $C$ einen Winkel einschließen, der gleich dem gesuchten ist; auf die Bestimmung des Winkels zweier Geraden aber werden alle andern Probleme über Neigungswinkel zurückgeführt, so daß wir Grund haben, dieses unter die Fundamentalaufgaben aufzunehmen; also:

### *Fundamentalkonstruktion XIV.*

Den Neigungswinkel zweier Geraden zu bestimmen.

Es ist diese Aufgabe durch die F.-K. XIII des vorhergehenden Paragraphen schon zum größten Teile gelöst, und wir können uns also an die dort erhaltenen Resultate anlehnen. Wir setzen die in $R_3^p$ liegende Verbindungslinie $g$ der beiden gegebenen Fluchtpunkte $1Q_0$,

$2Q_0$, deren Kenntnis zur Konstruktion ausreicht, denn die Lage der Durchstoßpunkte ist ganz irrelevant, als gegeben voraus und bestimmt (Fig. 21) durch ihren Durchstoßpunkt $S_1$ und ihren Fluchtpunkt $Q_1$. Sollten etwa die Fluchtpunkte auf verschiedenen Trägern gegeben sein, so ist es, wie wir schon früher zu bemerken in der Lage waren, ein ganz einfaches dreidimensionales Problem die Verbindungslinie zu konstruieren.[1])

Es handelt sich nun um die wahre Größe des Winkels $1Q_0C2Q_0$, welcher enthalten ist in der Ebene $\varepsilon$ durch $C$ und die Gerade $g$. Um diese Ebene in den Projektionsraum umlegen zu können, brauchen wir einen dieselbe enthaltenden Hilfsraum; und wir wissen bereits aus der F.-K. XIII, daß es am vorteilhaftesten ist, diesen durch die Gerade $CC_1$ zu legen, was zur Folge hat, daß die Fluchtebene $\varkappa_0$ den Punkt $C_1$ mit der Geraden $g$ verbindet und $R_2^p$ schneidet in $g_1$. Wir konstruieren nun, genau wie in der Figur 20, die Hilfsumklappung $(C)^*$ des Projektionszentrums, sowie dessen zentrale Einsprojektion $(C)_1$ und orthogonale Projektion $(C)'$ und bemerken, daß die Ebene $(\varepsilon)$ nunmehr bestimmt ist durch die Gerade $g$ und den Punkt $(C)$. Spur und Fluchtlinie derselben konstruieren wir wie in Fig. 20, indem wir durch $(C)$ die Parallele zu $g$ legen, deren Durchstoßpunkt $S_1^*$ erhalten wird als Schnittpunkt der Parallele durch $(C)'$ zu $C_2Q_1$ mit $(C)_1Q_1$, und dann $S_1^*$ mit $S_1$ verbinden und durch $Q_1$ zur Verbindungslinie die Parallele ziehen.

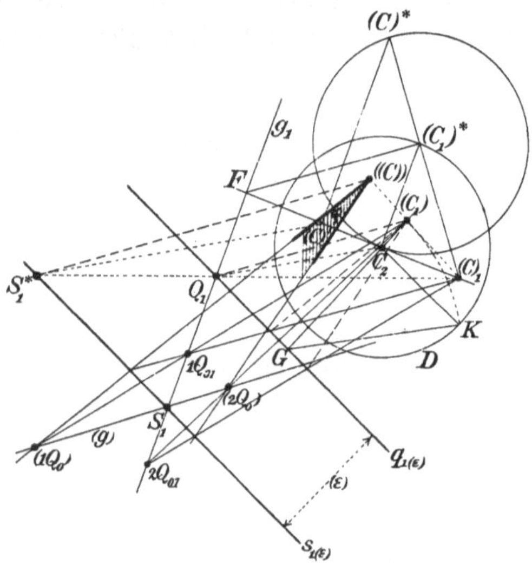

Fig. 21.

In der Ebene $(\varepsilon)$ liegen nun die Gerade $g$ und der Punkt $(C)$, und es ist der Winkel $1Q_0(C)2Q_0$ der gesuchte; zur Bestimmung seiner wahren Größe wird es also erforderlich sein, die Ebene $(\varepsilon)$ noch einmal umzuklappen, jetzt aber um ihre Spur $s_1$ und in die Bildebene $R_2^p$. Wir bestimmen also, wiederum wie im vorhergehenden Falle,

---

[1]) W. Fiedler, l. c. S. 27. Nr. 1.

die Umlegung $(C_1)$ von $C_1$ und mit dessen Hilfe die Umlegung $(g)$ von $g$ als die Parallele durch $S_1$ zu $(C_1)Q_1$ und auf derselben die Punkte $(1Q_0)$ und $(2Q_0)$, sowie die Umlegung $((C))$ des Punktes $(C)$. Es ist dann der Winkel $(1Q_0)((C))(2Q_0)$ der gesuchte, und weil die Schenkel desselben nichts anderes sind, als die Umlegungen der Geraden $1Q_0(C)$ und $2Q_0(C)$, so müssen sie sich mit den Einsprojektionen $1Q_{01}(C)_1$ und resp. $2Q_{01}(C)_1$ auf $s_{1(\varepsilon)}$ begegnen usw., was eine Probe der Genauigkeit liefert.

Es werden nun, wie schon bemerkt, die übrigen hierher gehörigen Probleme auf das jetzige zurückgeführt; lösen wir also z. B. die folgende

Aufgabe. Den Neigungswinkel einer Geraden und einer Ebene zu bestimmen (vgl. § 4).

Wir denken die beiden Gebilde parallel sich selbst an den Punkt $C$ verschoben, betrachten also einen Strahl $CQ_0$ und eine Ebene $Cq_0$. Der Neigungswinkel nun wird gebildet von $CQ_0$ selbst und ihrer orthogonalen Projektion auf die Ebene; er enthält infolgedessen von dem durch $CQ_0$ und $Cq_0$ bestimmten $R_3$ zwei Gerade und ist also in diesem Raume enthalten, oder noch anders ausgedrückt, die Ebene des Neigungswinkels ist innerhalb des genannten $R_3$ zur Ebene $Cq_0$ stereometrisch normal. Die Fluchtebene $\varkappa_0$ des $R_3$ ist die Verbindungsebene $Q_0q_0$; konstruieren wir zu $q_0$ die Antipolare $q_0^n$ in bezug auf die Distanzkugel (§ 11, F.-K. XII) und schneiden dieselbe in $Q_0^n$ mit $\varkappa_0$, so liegt die Ebene durch das Original $Q_\infty^n$ und $CQ_0$ (§ 9, F.-K. VIII) erstens im $R_3$, denn sie enthält von demselben eine Gerade und einen Punkt, und ist zweitens zu $Cq_0$ halb normal, d. h. also sie ist zu $Cq_0$ stereometrisch normal und enthält somit den Neigungswinkel. Ihre Fluchtlinie ist die Verbindungslinie $Q_0Q_0^n$; schneidet diese $q_0$ in einem Punkte $Q_0^*$, so ist $CQ_0^*$ die orthogonale Projektion von $CQ_0$ auf $Cq_0$, $\angle\, Q_0CQ_0^*$ also der gesuchte; derselbe wird bestimmt nach F.-K. XIV. Man kann aber auch den Punkt $Q_0^*$ beiseite lassen und einfach den Winkel $Q_0CQ_0^n$ konstruieren, der, wenn wenigstens der spitze genommen wird, das Komplement des gesuchten ist; aber man sieht sofort ein, daß, wenn dieser gefunden ist, durch das Ziehen einer einzigen Geraden, nämlich eben $CQ_0^*$, auch der andere zum Vorschein kommt.

Aufgabe. Den Neigungswinkel einer Geraden und eines Raumes zu bestimmen (vgl. § 4).

Denken wir eine Gerade $CQ_0$ und einen Raum $C\varkappa_0$. Weil der Neigungswinkel gebildet wird von der Geraden selbst und ihrer senkrechten Projektion auf den Raum, so brauchen wir diejenige Ebene durch die Gerade, welche das in $C$ auf den Raum errichtete Perpendikel enthält, denn diese schneidet den Raum halb senkrecht und liefert uns also die gewünschte Projektion. Wir bestimmen daher den Antipol $Q_0^n$ von $\varkappa_0$ (§ 11, F.-K. XI) und erhalten in der Geraden $Q_0^n Q_0$ die Fluchtlinie der genannten Ebene und in der Geraden $CQ_0^*$, wo $Q_0^*$ den Schnittpunkt von $Q_0^n Q_0$ mit $\varkappa_0$ bezeichnet, die Schnittlinie zwischen Ebene und Raum oder die orthogonale Projektion von $CQ_0$ auf $C\varkappa_0$. Die Umlegung dieser Ebene in $R_3^p$ (F.-K. XIV) ergibt sofort den gesuchten Winkel $Q_0 C Q_0^*$ selbst oder dessen Komplement $Q_0 C Q_0^n$.

Wenn wir konsequent weitergehen wollten, so müßte jetzt das Problem der beiden Neigungswinkel zweier Ebenen in Angriff genommen werden; allein weil dasselbe eine etwas ausführlichere Darstellung erheischt, so wollen wir es bis auf die nächste Nummer versparen und zuvor noch behandeln die

Aufgabe. Den Neigungswinkel einer Ebene und eines Raumes zu konstruieren (vgl. § 6).

Die Ebene sei $Cq_0$, der Raum $C\varkappa_0$. Auch in diesem Falle, wie überhaupt immer,[1]) wird der Neigungswinkel gebildet von der Ebene selbst und ihrer senkrechten Projektion auf den Raum. Bedenken wir nun, daß diese Projektion im allgemeinen wieder eine Ebene ist,[2]) und daß zwei Ebenen, wie wir bereits wissen (§ 6), im allgemeinen zwei Neigungswinkel zulassen, so könnten wir verführt werden, auch im jetzigen Falle zwei solche Winkel zu erwarten; allein dem ist nicht so. Denn unsere Ebene $Cq_0$ schneidet $C\varkappa_0$ in einer Geraden, der Verbindungslinie von $C$ mit dem Schnittpunkte $Q_0^*$ von $q_0$ mit $\varkappa_0$, und wenn wir uns nun erinnern, daß von einem Neigungswinkel immer jeder der beiden Schenkel die orthogonale Projektion des andern auf den Raum des ersteren ist,[2]) so sehen wir, daß die Schnittgerade, sei es daß wir sie als zur Ebene oder zum Raume gehörig betrachten, in beiden Fällen dieser Bedingung genügt; es ist also der minimale Neigungswinkel der beiden Ebenen[3]) gleich Null und nur der maximale bleibt übrig; dieser ist dann der Neigungswinkel zwischen Ebene und Raum.

Zur Bestimmung desselben brauchen wir eine Ebene, welche sowohl $Cq_0$ wie $C\varkappa_0$ halb senkrecht schneidet;[4]) bestimmen wir also den Normalenfluchtpunkt $Q_0^n$ von $\varkappa_0$ (§ 11, F.-K. XI), so muß die

[1]) P. H. Schoute, l. c. S. 77.
[2]) P. H. Schoute, l. c. S. 61.
[3]) P. H. Schoute, l. c. S. 72.
[4]) P. H. Schoute, l. c. S. 77.

Fluchtlinie $q_0^\psi$ der Ebene des Neigungswinkels $\psi$ in erster Linie den Punkt $Q_0^n$ enthalten. Es muß diese Ebene aber auch halb normal sein zu $Cq_0$; $q_0^\psi$ muß also zweitens einen Punkt der Normalebenenfluchtlinie $q_0^n$ von $q_0$ enthalten (§ 10), und drittens muß die Ebene des Winkels $\psi$ die Ebene $Cq_0$ in einer Geraden schneiden, d. h. $q_0^\psi$ muß auch einen Punkt von $q_0$ selbst enthalten; es ist also $q_0^\psi$ die gemeinschaftliche Transversale von $q_0$ und $q_0^n$ durch $Q_0^n$ und als solche auf elementarem Wege zu konstruieren.[1] Die Ebene $Cq_0^\psi$ wird sodann in $R_3^\varrho$ umgelegt (F.-K. XIV), und genau wie in der vorhergehenden Aufgabe erhält man dann den Neigungswinkel selbst sowie sein Komplement.

Betrachten wir noch einmal den Punkt $Q_0^*$, den Schnittpunkt von $q_0$ und $\varkappa_0$. Die zu diesem Punkte gehörige Normalräumefluchtebene ist die Verbindungsebene von $Q_0^n$ mit $q_0^n$ (denn $Q_0^*$ selbst ist der Schnittpunkt von $\varkappa_0$ mit $q_0$) und enthält somit die den Punkt $Q_0^n$ mit einem gewissen Punkte von $q_0^n$ verbindende Gerade $q_0^\psi$; es liegt also mit andern Worten die Ebene $Cq_0^\psi$ des gesuchten Neigungswinkels in dem im Punkte $C$ zu $CQ_0^*$ senkrechten Raume, d. h. es ist die Ebene des Neigungswinkels senkrecht zu der Schnittlinie $CQ_0^*$ von Ebene und Raum.

Es kann insbesondere geschehen, daß $q_0$ gerade durch $Q_0^n$ hindurchgeht, in welchem Falle die gegebene Ebene zum gegebenen Raume halb senkrecht ist (§ 10); es enthält dann umgekehrt die Ebene $\varkappa_0$ die Gerade $q_0^n$, d. h. es liegt die zur gegebenen vollständig normale Ebene $Cq_0^n$ innerhalb des Raumes $C\varkappa_0$. Die durch $Q_0^n$ gehende Transversale von $q_0$ und $q_0^n$ wird nun natürlich innerhalb des in der Ebene $Q_0^n q_0^n$ gelegenen Strahlenbüschels vom Scheitel $Q_0^n$ unbestimmt, und wenn man bedenkt, daß diese Ebene die Fluchtebene des durch das Perpendikel $CQ_0^n$ auf $C\varkappa_0$ und die Normalebene $Cq_0^n$ zu $Cq_0$ bestimmten Raumes ist, so erkennt man, daß jede Ebene durch $CQ_0^n$ innerhalb dieses Raumes einen Neigungswinkel $\psi$ liefert, dessen einer Schenkel $CQ_0^n$ ist, während der andere in der Ebene $Cq_0^n$ liegt, so daß alle diese Winkel gleich 90° sind. Man erkennt leicht, daß in diesem Falle die Ebenen aller Neigungswinkel senkrecht sind zu $CQ_0^*$.

Aufgabe. Man soll den Neigungswinkel zweier Räume konstruieren (vgl. § 7).

Wir nennen die beiden Fluchtebenen $1\varkappa_0$ und $2\varkappa_0$, ihre Schnittlinie $q_0$. Weil die beiden Räume, natürlich nullprojizierend gedacht, eine Ebene, nämlich $Cq_0$, gemein haben, so besitzen sie anstatt drei nur einen einzigen Neigungswinkel,[2] und dieser wird herausgeschnitten

[1] W. Fiedler, l. c. S. 27. Nr. 8.

[2] P. H. Schoute, l. c. S. 81.

von der Ebene durch $C$, welche beide halb senkrecht schneidet und also die beiden in $C$ auf sie errichteten Perpendikel enthält; konstruieren wir diese Perpendikel, d. h. konstruieren wir die den beiden Fluchtebenen zugeordneten Normalenfluchtpunkte $1Q_0^n$ und $2Q_0^n$ (§ 11, F.-K. XI), so ist deren Verbindungslinie die Fluchtlinie $q_0^\psi$ des Neigungswinkels, und wenn dieselbe die Fluchtebenen in $1Q_0^*$ und $2Q_0^*$ trifft, so ist $\angle 1Q_0^* C 2Q_0^* = \psi$, wie übrigens natürlich auch $\angle 1Q_0^n C 2Q_0^n$. Anwendung der F.-K. XIV ergibt dessen wahre Größe.

Weil $q_0$ die Schnittlinie ist von $1\varkappa_0$ und $2\varkappa_0$, enthält die zugehörige Antipolare $q_0^n$ die Punkte $1Q_0^n$ und $2Q_0^n$; allein die Verbindungslinie dieser beiden Punkte ist gerade unsere Fluchtlinie $q_0^\psi$; es ist also die Ebene des Neigungswinkels vollständig normal zur Schnittebene beider Räume.

Sind die beiden Räume ein drittel senkrecht zueinander (§ 10), so enthält jeder das Perpendikel in $C$ auf den andern, oder es liegt $1Q_0^n$ in $2\varkappa_0$ und $2Q_0^n$ in $1\varkappa_0$, und weil jede dieser Geraden senkrecht steht auf allen Geraden des andern Raumes, so sind sie auch unter sich senkrecht. Es bleibt also die Ebene des Neigungswinkels bestimmt und senkrecht zur Schnittebene beider Räume, der Winkel selbst aber wird zu einem rechten.

§ 14. Wir wenden uns nun zur Betrachtung zweier Ebenen und ihrer beiden Neigungswinkel $\varphi$ und $\psi$; $1q_0$ und $2q_0$ seien die beiden windschiefen Fluchtlinien, der Schnittpunkt der Ebenen sei $C$. Wir haben nun eine durch $C$ gehende Ebene zu suchen, welche die beiden gegebenen halb senkrecht schneidet, und den Winkel der beiden Schnittlinien zu bestimmen; dieser wird dann ein Neigungswinkel sein. Wir wenden nun in erster Linie die F.-K. XII des § 11 an und bestimmen also die beiden Normalebenenfluchtlinien $1q_0^n$ und $2q_0^n$; diese werden nicht nur unter sich, sondern auch mit $1q_0$ und $2q_0$ windschief sein, denn weil die Beziehung zwischen zwei Antipolaren involutorisch ist, so bedingt ein Schnittpunkt irgend zweier der vier genannten Geraden sofort eine gemeinsame Ebene für die beiden andern; dann aber erhalten wir einen Spezialfall, den wir vorläufig ausschließen wollen.

Es muß nun die Ebene eines Neigungswinkels erstens zu den gegebenen Ebenen halb senkrecht sein, zweitens die gegebenen Ebenen je in einer Geraden schneiden. Die erste Bedingung wird erfüllt sein (§ 10), wenn die Fluchtlinie der gesuchten Ebene die Geraden $1q_0^n$ und $2q_0^n$, die zweite, wenn sie $1q_0$ und $2q_0$ trifft, d. h. also wenn sie eine gemeinschaftliche Transversale aller vier Fluchtlinien ist, und weil vier windschiefe Gerade in $R_3^f$ zwei Transversalen besitzen, so besitzen also zwei beliebige Ebenen in $R_4$ zwei Neigungswinkel. Wir werden die gemeinschaftlichen Transversalen in bekannter Weise[1]) konstruieren als die beiden Geraden der einen Regelschar des durch drei der vier Geraden als Gerade der andern Schar bestimmten einfachen Hyperboloids, welche die vierte schneiden, und wenn nun schon diese Konstruktion ziemlich umständlich ist, so darf dies nicht der Zentralprojektion auf die Rechnung geschrieben werden, denn es ist dieselbe eben umständlich in jeder Projektionsmethode. Die beiden Transversalen sind sicher reell, weil die beiden Neigungswinkel reell sind; denn weil eine Gerade der einen Ebene nie mit ihrer Projektion auf die andere zusammenfallen kann — denn die beiden Ebenen haben ja weiter nichts als einen Punkt gemein —, so muß der Winkel dieser beiden Geraden notwendig einen reellen Minimumwert besitzen, und dies ist eben der Neigungswinkel $\varphi$; und weil, wie wir schon früher in dem speziellen Falle, wo $R_2^{\varphi}$ eine der beiden Ebenen war (§ 6), bewiesen haben und gleich nachher auch für den allgemeinen Fall beweisen werden, die Ebenen der beiden Neigungswinkel vollständig normal zueinander sind, so ist $\psi$ reell, wenn $\varphi$ es ist. Die Geraden $1q_0$ und $2q_0$ haben nun aber in bezug aufeinander, sowie rücksichtlich der Distanzkugel eine beliebige Lage; wir kommen also nebenbei zum Schlusse, daß zwei beliebige Gerade und ihre Antipolaren in bezug auf eine Kugel immer zwei reelle Transversalen gestatten.

Es ist nun sehr leicht zu zeigen, daß diese Transversalen, also unsere gesuchten Fluchtlinien $q_0^{\varphi}$ und $q_0^{\psi}$, selbst auch wieder in der Beziehung der Antipolarität zueinander stehen; denn weil z. B. $q_0^{\varphi}$ sowohl $1q_0$ wie $2q_0$ schneidet, so muß ihre Antipolare die beiden andern Geraden treffen; weil aber $q_0^{\varphi}$ diesen letzteren Geraden ebenfalls begegnet, so muß nun wieder die Antipolare die beiden ersteren treffen; es ist also die Antipolare von $q_0^{\varphi}$ auch eine Transversale der vier Fluchtlinien und somit mit $q_0^{\psi}$ identisch. Ist aber $q_0^{\psi}$ die Normalebenenfluchtlinie von $q_0^{\varphi}$ und umgekehrt, so ist damit gezeigt, daß die Ebenen der beiden Neigungswinkel vollständig normal zueinander sind. Es wird fast überflüssig sein zu bemerken, daß die Winkel selbst erhalten werden, indem man auf ihre Ebenen die F.-K. XIV anwendet; man erhält dann, wie leicht zu sehen, zugleich die Winkel der beiden zu den gegebenen vollständig normalen Ebenen, welche ebenfalls gleich $\varphi$ und $\psi$ sind, und überhaupt die Winkel zwischen je zwei der vier Ebenen, unter ihnen natürlich vier zu je 90°.

Mit Hilfe der vier Fluchtlinien erhalten wir nun weiter leicht eine

---

[1]) W. Fiedler, l. c. Bd. II. S. 297, 300.

Übersicht über die verschiedenen hier in Betracht kommenden speziellen Fälle.[1]) Es können z. B. die beiden gegebenen Fluchtlinien $1q_0$, $2q_0$ so angenommen werden, daß sie einen Punkt, sagen wir der Einfachheit halber $A$, gemein haben (Fig. 22); die Antipolaren $1q_0^n$, $2q_0^n$ liegen dann in der Antipolarebene $\alpha$ von $A$ und haben also ebenfalls einen Punkt gemein, etwa $B$, und die Antipolarebene $\beta$ dieses letzteren ist die Ebene $1q_0\,2q_0$. Von den beiden Transversalen ist nun die eine offenbar die Gerade $AB$, die andere die Schnittlinie von $\alpha$ und $\beta$, und weil $\alpha$ und $\beta$ die Antipolarebenen von $A$ und $B$ sind, so ist die letztere Gerade die Antipolare der ersteren, d. h. es sind die Ebenen durch $C$ und diese Geraden, wie es sich gehört, vollständig normal zueinander. Es ist nun $q_0^\varphi$ offenbar die Gerade $AB$; denn weil die Schnittpunkte derselben mit $1q_0$ und $2q_0$ zusammenfallen in $A$, so ist der zugehörige Neigungswinkel Null, und das ist gewiß der minimale; es ist also in diesem Falle $\varphi = 0$, während $\psi$, weil die Fluchtlinie $q_0^\psi$ die Geraden $1q_0$ und $2q_0$ in zwei verschiedenen Punkten schneidet, einen beliebigen Wert haben kann.

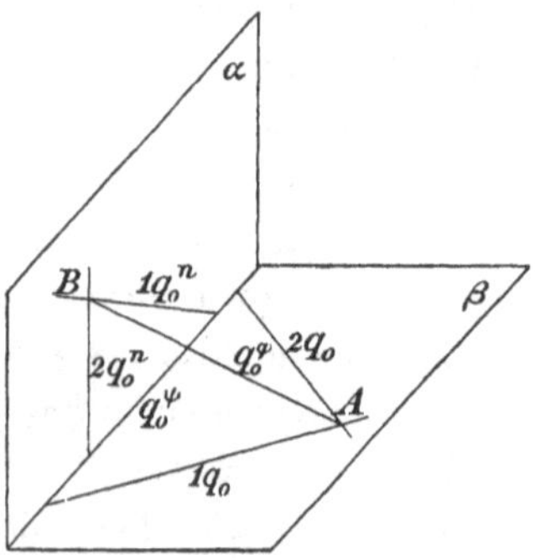

Fig. 22.

Die beiden gegebenen Ebenen liegen in diesem Falle in einem $R_3$, denn sie haben die Gerade $CA$ gemein, und weil die Ebene des Winkels $\varphi = 0$ diese Gerade enthält, während ihre Fluchtlinie $AB$ die beiden Geraden $1q_0^n$ und $2q_0^n$ trifft (nämlich in $B$), so schneidet sie die beiden gegebenen Ebenen halb senkrecht wie im allgemeinen Falle. Und weil die Gerade $q_0^\psi$, die Schnittlinie der Ebenen $\alpha$ und $\beta$, sowohl in der Ebene $\alpha$ liegt, der Normalräumefluchtebene des Punktes $A$, wie in der Ebene $\beta$, der Fluchtebene des oben genannten $R_3$, so ist die Ebene des Winkels $\psi$ innerhalb des Raumes der beiden gegebenen Ebenen senkrecht zu deren Schnittlinie, d. h. sie ist die gewöhnliche Neigungsebene der Stereometrie.

Wir können aber die Sache noch etwas anders auffassen und bemerken dann, daß wir hier zugleich einen zweiten Spezialfall erledigt haben. Wir können nämlich unsere beiden Ebenen durch $C$ als die Parallelebenen zweier nicht projizierender Ebenen ansehen, und dann hängt es von der Lage der Spuren ab, was weiter geschieht; haben die Spuren ebenfalls einen Punkt gemein, so liegen die Ebenen wiederum

[1]) Vgl. P. H. Schoute, l. c. S. 75.

in einem Raume, und haben wir also genau den soeben behandelten Fall wieder zurück; wenn aber die Spuren windschief sind, so haben die Ebenen den unendlich fernen Punkt von $CA$ und nur diesen gemein, d. h. sie sind halb parallel, aber nicht in einem $R_3$ enthalten. Die obigen Entwickelungen zeigen, daß auch in diesem Falle der minimale Neigungswinkel gleich Null ist.

Wir erhalten einen neuen Spezialfall, wenn wir folgendermaßen disponieren. Wir nehmen (Fig. 23) $1q_0$ beliebig an, konstruieren $1q_0^n$ und legen dann $2q_0$ durch einen Punkt $B$ von $1q_0^n$, während sie zu $1q_0$ windschief bleibt; eine Folge davon ist, daß nun umgekehrt $2q_0^n$ einen Punkt $A$ von $1q_0$ enthalten muß, während sie zu $1q_0^n$ windschief bleibt. Es schneidet nun jede der beiden gegebenen Flucht-

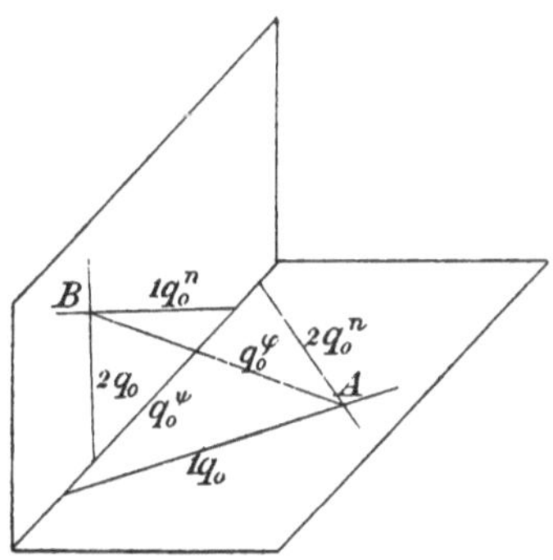


Fig. 23.

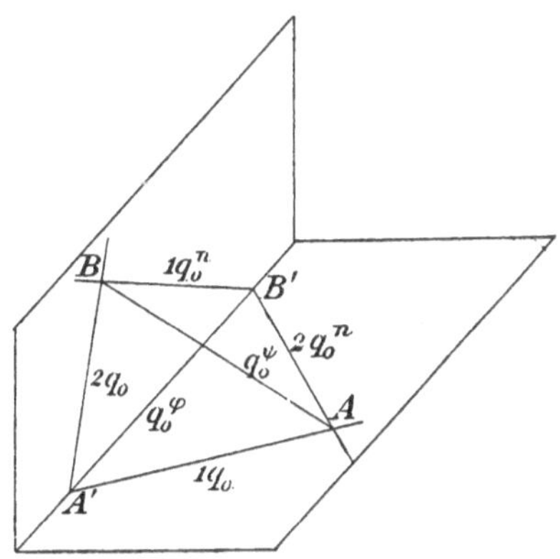


Fig. 24.

linien die Normalebenenfluchtlinie der andern, ohne daß die Ebenen in einem $R_3$ liegen; sie sind also (§ 10) einfach halb senkrecht zueinander. Die beiden Transversalen sind wieder $AB$ und die Schnittlinie der beiden Ebenen; jetzt aber ist $AB$ $q_0^\psi$, die andere $q_0^\varphi$. Denn der in der Ebene $CAB$ enthaltene Neigungswinkel ist jetzt nicht Null, sondern gleich $\angle ACB$, und dies ist ein rechter, weil $B$ der Schnittpunkt der Normalebenenfluchtlinien der beiden Geraden durch $A$ ist; der rechte Winkel ist aber natürlich bei diesen Betrachtungen der maximale. Der andere, $\varphi$, kann, wie aus der Figur ersichtlich, irgend einen Wert haben. *Während also bei halb parallelen Ebenen der minimale Winkel Null, der maximale beliebig ist, ist bei halb senkrechten Ebenen der maximale gleich 90°, der minimale beliebig.*

Schließlich können wir die beiden vorhergehenden Fälle kombinieren, indem wir in der Figur 23 die Gerade $2q_0$ um den Punkt $B$ drehen lassen, bis sie auch $1q_0$ trifft (Fig. 24), was zur Folge hat, daß

$2q_0^n$ um $A$ rotiert, bis sie $1q_0^n$ trifft. Die vier Fluchtlinien bilden dann ein windschiefes Viereck, und die beiden gegebenen Ebenen liegen offenbar in einem $R_3$ und sind halb senkrecht zueinander, d. h. sie sind stereometrisch normal. Die beiden Transversalen sind die Geraden, welche das windschiefe Viereck zu einem Tetraeder ergänzen; $AB$ ist $q_0^\psi$, denn der zugehörige Winkel ist ein rechter, die andere Gerade ist $q_0^\varphi$, und der zugehörige Winkel ist Null. Sind also zwei Ebenen stereometrisch normal, so ist der Winkel $\varphi = 0$, $\psi = 90^0$.

Im Vorübergehen wollen wir bemerken, daß das Tetrader $AA'BB'$ eine merkwürdige Lage hat in bezug auf die Distanzkugel und den Punkt $C_1$. Irgend zwei Ecken liegen immer auf zwei konjugierten Normalebenenfluchtlinien, und irgend eine Seitenfläche enthält die Normalebenenfluchtlinien der beiden Fluchtlinien, die sich in der gegenüberliegenden Ecke schneiden, und ist somit die Normalräumefluchtebene dieser Ecke; aus dem letzten Umstande ergibt sich, daß die Verbindungslinien der Ecken mit $C_1$ senkrecht sind zu den gegenüberliegenden Seitenflächen, daß also $C_1$ der Höhenschnittpunkt des Tetraeders ist, aus dem ersten, daß die Verbindungslinien der Ecken mit $C$ zu je zwei und zwei zueinander senkrecht und also einzeln senkrecht zu den von den je drei andern bestimmten Räumen sind, oder mit andern Worten, daß diese Verbindungslinien am Punkte $C$ ein vierdimensionales rechtwinkliges Koordinatensystem bilden.

Es ist also durch unsere Betrachtungen der folgende Satz bewiesen: „Die Achsen, Ebenen und Räume eines vierdimensionalen rechtwinkligen Koordinatensystems am Punkte $C$ schneiden $R_3^p$ in den Ecken, Kanten und Seitenflächen eines Vierflachs, für welches der Punkt $C_1$ der Höhenschnittpunkt ist," in welchem Satze wir sofort die vierdimensionale Verallgemeinerung des bekannten stereometrischen Satzes erkennen, auf welchem die orthogonale Axonometrie beruht.

Betrachten wir schließlich unter dem jetzigen allgemeineren Gesichtspunkte auch noch den Fall des § 6, wo eine der Ebenen, etwa $1\varepsilon$, mit $R_2^p$ zusammenfällt. Es ist dann $1q_0$ die unendlich ferne Gerade von $R_2^p$, und $1q_0^n$ fällt auf $C_1C_2$, denn die zu $R_2^p$ vollständig normale Ebene ist $CC_1C_2$; $2q_0$ und $2q_0^n$ aber bleiben beliebig und die Fluchtlinien der beiden Neigungsebenen sind also in diesem Falle diejenigen Transversalen von $C_1C_2$, $2q_0$ und $2q_0^n$, welche parallel sind zu $R_2^p$.

§ 15. Es bleibt noch ein letzter Spezialfall zu besprechen übrig, den wir erhalten, indem wir die Frage stellen, ob unsere vier Fluchtlinien auch eine hyperboloidische Lage erhalten können, d. h. also vier

Gerade derselben Regelschar eines einfachen Hyperboloids bilden können. Es wird dies der Fall sein, sobald die beiden Doppelverhältnisse, welche ihre Schnittpunkte mit den beiden Transversalen $q_0^\varphi$ und $q_0^\psi$ im allgemeinen Falle bilden, einander gleich werden; dann nämlich entstehen auf diesen Transversalen zwei durch drei der vier Punktepaare bestimmte projektive Punktreihen, zu denen auch das vierte Paar gehört, und deren Verbindungslinien entsprechender Paare gerade diejenige Regelschar erzeugen, der auch die vier Fluchtlinien angehören. Es fragt sich also in erster Linie, ob wir die vier Fluchtlinien so wählen können, daß die genannten Doppelverhältnisse einander gleich werden.

Wir nehmen (vgl. die schematische Fig. 25) $1q_0$ beliebig an und konstruieren ihre Antipolare $1q_0^n$ (§ 11, F.-K. XII); sodann ziehen wir irgend eine Gerade, welche $1q_0$ und $1q_0^n$ schneidet und betrachten dieselbe als $q_0^\varphi$; die Antipolare dieser letzteren ist dann mitbestimmt, und weil $q_0^\varphi$ die beiden Geraden $1q_0$ und $1q_0^n$ schneidet, so tut die Antipolare $q_0^\psi$ dies ebenfalls. Wählen wir auf $q_0^\varphi$ einen beliebigen Punkt $B$, so enthält dessen Antipolarebene $\beta$ die Gerade $q_0^\psi$ und schneidet $q_0^\varphi$ in einem Punkte $B'$, der dem Punkte $B$ zugeordnet ist in der Involution harmonischer Pole von $q_0^\varphi$ in bezug auf die Kugel, für welche die Ebene $\beta$ nun nicht die Antipolarebene, sondern die Polarebene ist von $B$, d. h. also in bezug auf die imaginäre Kugel vom Mittelpunkte $C_1$ und vom Radius $d\sqrt{-1}$, deren reeller Stellvertreter die Distanzkugel ist; diese Involution ist natürlich elliptisch, und weil die Punkte $A$ und $A'$ ebenfalls ein Paar derselben bilden, so ist also das Doppelverhältnis $(AA'BB')$ notwendig negativ.

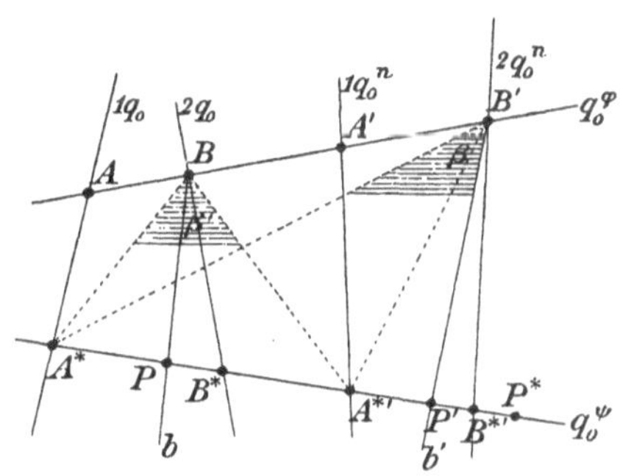

Fig. 25.

Wir lassen nun in der Ebene $\beta'$, welche bestimmt wird durch den Punkt $B$ und die Gerade $q_0^\psi$, und welche nichts anderes ist als die Antipolarebene von $B'$, einen Strahl $b$ um den Punkt $B$ rotieren; die Antipolare $b'$ desselben muß sich dann in der Ebene $\beta$ und um den Punkt $B'$ herum bewegen und somit ein Strahlenbüschel erzeugen, welches projektiv ist dem von $b$ beschriebenen. Die beiden projektiven Büschel schneiden $q_0^\psi$ in zwei projektiven Punktreihen $(P)$ und $(P')$, und diese sind in involutorischer Lage, denn die Antipolare von $BP'$ ist offenbar $B'P$, und diese Involution ist wiederum elliptisch, weil sie nichts anderes ist als die Involution harmonischer Pole von $q_0^\psi$ in bezug auf die imaginäre Kugel; die Punkte $A^*$, $A^{*\prime}$ bilden ein Paar derselben.

Wenn es nun gelingt, in dieser elliptischen Involution das Paar $P, P'$ so zu wählen, daß $(A^* A^{*\prime} PP') = (AA' BB')$ wird, so bilden offenbar die Strahlen $b, b'$ zwei Fluchtlinien $2q_0$, $2q_0^n$, welche mit $1q_0$, $1q_0^n$ zur nämlichen Regelschar eines einfachen Hyperboloides gehören. Wenn wir nun zu jedem Punkte $P$ von $q_0^\psi$ den Punkt $P^*$ konstruieren, so daß das Doppelverhältnis $(A^* A^{*\prime} PP^*)$ gleich dem gegebenen $(AA' BB')$ wird, so bilden die Paare $PP^*$ zwei projektive Punktreihen mit den Doppelpunkten $A^*$, $A^{*\prime}$; es handelt sich also in letzter Linie um die gemeinsamen Paare dieser Punktreihen und der obigen Involution. Nun sind offenbar die Punkte $P'$ und $P^*$ durch Vermittlung der Punkte $P$ auch wieder projektiv aufeinander bezogen, und wenn nun $P$ eine solche Lage $B^*$ annimmt, daß die beiden ihm in der Involution und den projektiven Reihen mit den Doppelpunkten $A^*$, $A^{*\prime}$ zugeordneten Punkte $P'$ und $P^*$ in einen Doppelpunkt $B^{*\prime}$ der neuen Reihen zusammenfallen, so ist $BB^* = 2q_0$ und $B'B^{*\prime} = 2q_0^n$, und zwar darf man nicht etwa $B$ mit $B^{*\prime}$ verbinden und $B'$ mit $B^*$, weil dann die Doppelverhältnisse, um die es sich handelt, nicht mehr gleich, sondern reziprok wären. Es haben nun die Reihen der Punkte $P'$ und $P^*$ zwei Doppelpunkte, folglich gibt es durch $B$ zwei Fluchtlinien $2q_0$, welche der Bedingung genügen, und zwar sind diese beiden Fluchtlinien stets reell und verschieden, denn man zeigt leicht, daß es in einer elliptischen Involution immer zwei reelle und verschiedene Punktepaare gibt, welche mit einem gegebenen Paar ein vorgeschriebenes negatives Doppelverhältnis bilden.[1])

---

[1]) Es sei das gegebene Paar dargestellt durch die Gleichung $x^2 - a^2 = 0$, also $O$ die Mitte der beiden Punkte. Der Zentralpunkt der Involution liegt ebenfalls zwischen denselben; ist also seine Entfernung von $O$ etwa $m$, so ist $m^2 < a^2$, und es kann die Involution dargestellt werden durch die Gleichung:

$$(x^2 - a^2) - \lambda(x - m) = 0. \qquad \text{I}$$

Die Gleichung:

$$x'x'' + b(x' - x'') - a^2 = 0 \qquad \text{II}$$

stellt zwei projektive Punktreihen dar, deren Doppelpunkte von dem Paare $x^2 - a^2 = 0$ gebildet werden, denn diese Form nimmt die Gleichung II an für $x' = x''$, und das Doppelverhältnis, welches irgend ein Paar dieser Reihen mit den Doppelpunkten bildet, ergibt sich durch eine einfache Rechnung als

$$\varDelta = -\frac{a-b}{a+b}$$

und also als negativ für $b^2 < a^2$, denn $a$ wird positiv vorausgesetzt. Sollen nun die beiden Reihen und die Involution ein Paar gemein haben, so muß $\lambda$ so gewählt

Wir wollen das erhaltene Resultat etwas anders formulieren. Irgend eine beliebige Gerade durch $C$ schneidet $R_3^\varphi$ in einem gewissen Punkte $B$, und durch diesen gibt es eine einzige Gerade $q_0^\varphi$, welche $1q_0$ und $1q_0^n$ schneidet und somit nach dem Obigen zwei Gerade, welche samt ihren Antipolaren mit $1q_0$ und $1q_0^n$ hyperboloidische Lage haben; also gibt es durch jede den Punkt $C$ enthaltende Gerade des Operationsraumes, und somit durch jede Gerade desselben überhaupt, zwei Ebenen, deren Fluchtlinien und Normalebenenfluchtlinien mit $1q_0$ und $1q_0^n$ hyperboloidische Lage haben. Was bedeutet nun diese spezielle Lage der Fluchtelemente? Es ist (Fig. 25):

$$(AA'BB') = (A^*A^{*\prime}B^*B^{*\prime})$$

und also, indem wir alle acht Punkte mit $C$ verbinden,

$$(C\cdot AA'BB') = (C\cdot A^*A^{*\prime}B^*B^{*\prime}),$$

d. h.

$$\frac{\dfrac{\sin\cdot ACB}{\sin\cdot A'CB}}{\dfrac{\sin\cdot ACB'}{\sin\cdot A'CB'}} = \frac{\dfrac{\sin A^*CB^*}{\sin A^{*\prime}CB^*}}{\dfrac{\sin A^*CB^{*\prime}}{\sin A^{*\prime}CB^{*\prime}}},$$

oder:

$$\frac{\dfrac{\sin\varphi}{\cos\varphi}}{\dfrac{\sin(90^0+\varphi)}{\sin\varphi}} = \frac{\dfrac{\sin\psi}{\cos\psi}}{\dfrac{\sin(90^0+\psi)}{\sin\psi}},$$

oder:

$$\mathrm{tg}^2\varphi = \mathrm{tg}^2\psi;$$

denn es ist $\angle ACA' = \angle BCB' = \angle A^*CA^{*\prime} = \angle B^*CB^{*\prime} = 90^0$, $\angle ACB$ aber $=\varphi$ und $\angle A^*CB^* = \psi$, und hieraus ergibt sich der Beweis für die Richtigkeit der obigen Rechnung ohne weiteres. Wir finden also, weil wir unter $\varphi$ und $\psi$ immer die spitzen Winkel verstehen, $\varphi = \psi$; es ist also die hyperboloidische Lage der Fluchtlinien zweier Ebenen und deren Antipolaren das Kriterium dafür, daß die beiden Ebenen zwei gleiche Neigungswinkel bilden.

werden, daß die beiden Wurzeln von I die Gl. II befriedigen; löst man nun I nach $x$ auf und substituiert die beiden Wurzeln in II, so erhält man für $\lambda$ eine quadratische Gleichung, deren Diskriminante, in der einfachsten Gestalt geschrieben, die folgende Form annimmt:

$$D = 4b^2(a^2-b^2)(a^2-m^2)$$

und also positiv ist, weil $a^2 > b^2$ und $a^2 > m^2$. Es sind also die beiden $\lambda$ immer reell und verschieden, so daß es zwei reelle und verschiedene gemeinsame Paare der projektiven Reihen und der Involution gibt.

Sobald die vier Fluchtlinien auf einem Hyperboloid liegen, besitzen sie nicht bloß zwei, sondern unendlich viele Transversalen, deren jede die Fluchtlinie einer Ebene ist, welche die beiden gegebenen halb senkrecht schneidet und folglich einen Neigungswinkel enthält; die Doppelverhältnisse aber, welche von den 4 Fluchtlinien in alle diese Transversalen eingeschnitten werden, sind gleich groß, und daraus ergibt sich genau wie oben, daß alle diese Neigungswinkel einander gleich sind; haben also zwei Ebenen zwei gleiche Neigungswinkel, so haben sie deren unendlich viele; dieselben sind aber alle gleich groß.

Die Ebenen aller dieser Neigungswinkel bilden einen dreidimensionalen Raum, der aber nicht mehr linear ist, denn er schneidet $R_3^p$ in einem Hyperboloid; irgend eine durch $C$ gehende Ebene ergibt in $R_3^p$ eine Spur, welche mit diesem Hyperboloid zwei Punkte gemein hat, woraus folgt, daß die Ebene selbst den Raum in zwei durch $C$ gehenden Geraden schneidet; es ist dieser Raum also ein sogenannter quadratischer Kegelraum, und man könnte ihn hyperboloidisch nennen, weil er von einem ebenen Raume, wie $R_3^p$, immer in einem Hyperboloid geschnitten wird. Es besitzt nun aber das Hyperboloid noch eine zweite Schar von Geraden, und es besitzt also der Kegelraum noch ein zweites System von Ebenen; nach den obigen Entwickelungen ist es erstens klar, daß je zwei Ebenen dieses zweiten Systems gleichwinklig sind, d. h. zwei gleiche Neigungswinkel haben, und daß die Neigungswinkel immer getragen werden von den Ebenen des ersten Systems, dann aber auch, weil die beiden Regelscharen völlig gleichwertig sind, daß auch je zwei Ebenen dieses ersten Systems gleichwinklig sind, und daß ihre Neigungsebenen nichts anderes sind als die Ebenen des zweiten.

Wir wenden uns zu einer andern Frage. Es sei die Gerade $1q_0$, das heißt also die Ebene $C1q_0$ oder $1\varepsilon$, und ihre vollständig normale $C1q_0^n$ oder $1\varepsilon^n$ gegeben; wieviele zur ersten gleichwinklige Ebenen (durch $C$) gibt es und wie liegen dieselben?

Zunächst bemerken wir, daß eine Ebene, welche gleichwinklig ist zu $1\varepsilon$, auch gleichwinklig ist zu $1\varepsilon^n$, denn die Neigungswinkel mit der letzteren sind die Komplemente derjenigen mit der ersteren; dann aber beachten wir folgendes: wenn irgend eine Ebene $2\varepsilon$ (durch $C$) gegeben ist, so bildet dieselbe mit $1\varepsilon$ zwei Neigungswinkel $\varphi$ und $\psi$, deren Schenkel je die Projektion des andern auf die betreffende Ebene sind. Es kann nun $2\varepsilon$ um $1\varepsilon$ rotieren; denn durch jeden Punkt $P$ von $2\varepsilon$ geht eine Ebene vollständig normal zu $1\varepsilon$ (nämlich $\parallel 1\varepsilon^n$), und diese schneidet $1\varepsilon$ im Fußpunkte $Q$ des aus $P$ auf $1\varepsilon$ gefällten Perpendikels; und wenn nun $P$ in dieser Ebene den Kreis vom Mittelpunkt $Q$ beschreibt, so bleibt $PQ$ immer das aus $P$ auf $1\varepsilon$ gefällte Lot und immer gleich lang, d. h. $P$ rotiert um $1\varepsilon$ herum. Liegt nun etwa $P$ insbesondere gerade auf dem einen Schenkel des Neigungswinkels $\varphi$, so liegt nach dem Obigen $Q$ auf dem andern, und es bleibt also bei der Rotation $CQ$ immer die Projektion von $CP$, während auch $\angle PCQ$ konstant bleibt. Nun kann aber die relative Lage der beiden Ebenen, welche die Folge ist einer gewissen Rotation von $2\varepsilon$ um $1\varepsilon$, natürlich auch erhalten werden durch die gerade entgegengesetzte Rotation von $1\varepsilon$ um $2\varepsilon$, und dann würde sich zeigen, daß $CP$ fortwährend die Projektion von $CQ$ bleibt; es bleibt also bei der Rotation der einen Ebene um die andere jeder Schenkel die Projektion des andern, und auch die Größe des Winkels ändert sich nicht. Und hieraus ergibt sich, daß sämtliche Ebenen, welche mit $1\varepsilon$ die nämlichen Winkel $\varphi$ und $\psi$ bilden, in einem gewissen Rotationskegelraume enthalten sind mit der Axialebene $1\varepsilon$. Allein dieser Kegel hat die eigentümliche Eigenschaft, daß er noch eine zweite Axialebene besitzt, nämlich $1\varepsilon^n$; denn die Ebene $2\varepsilon$, von der wir ausgegangen sind, bildete mit $1\varepsilon^n$ die Winkel $90^0 - \varphi$ und $90^0 - \psi$; rotiert nun diese Ebene um $1\varepsilon^n$, so bleiben diese Winkel ungeändert, dann aber bleiben die Winkel der rotierenden Ebene mit $1\varepsilon$ ebenfalls ungeändert, und es rotiert also $2\varepsilon$ um $1\varepsilon$ und $1\varepsilon^n$ zugleich, oder es entsteht der Kegelraum sowohl durch Rotation um $1\varepsilon^n$ wie durch Rotation um $1\varepsilon$.

Was nun im allgemeinen Falle zweier ungleicher Neigungswinkel gilt, gilt natürlich auch für $\varphi = \psi$; es bilden also die zu einem Winkel $\varphi$ gehörigen Ebenen einen Rotationskegelraum mit den Axialebenen $1\varepsilon$ und $1\varepsilon^n$.[1])

---

[1]) Einer freundlichen Mitteilung des Herrn Prof. Schoute verdanke ich die Gleichung dieses Kegels, sowie die Bemerkung, daß derselbe sich bereits findet in W. A. Wythoffs Inauguraldissertation: „De Biquaternion als bewerking in de Ruimte van vier Afmetingen." Amsterdam, Ipenbuur & Van Seldam, 1898. S 93. Hat $1\varepsilon$ die Gleichungen $x_1 = 0$, $x_2 = 0$, also $1\varepsilon^n$ die Gl. $x_3 = 0$, $x_4 = 0$ und $2\varepsilon$ die Gl. $x_1 = ax_3 + bx_4$, $x_2 = cx_3 + dx_4$, so findet man für die beiden Winkel von $1\varepsilon$ und $2\varepsilon$ die Gleichung (P. H. Schoute, l. c. S. 177):

$$\mathrm{tg}^4\varphi - (a^2 + b^2 + c^2 + d^2)\,\mathrm{tg}^2\varphi + (ad - bc)^2 = 0.$$

Die Diskriminante $(a^2 + b^2 + c^2 + d^2)^2 - 4(ad - bc)^2$ dieser Gleichung läßt sich leicht auf die Form bringen:

$$[(a + d)^2 + (b - c)^2]\,[(a - d)^2 + (b + c)^2],$$

und es sind also die Bedingungen für zwei gleiche Winkel: $d = -a$, $c = b$, oder $d = a$, $c = -b$. Die Winkel selbst ergeben sich in beiden Fällen aus der Gleichung:

$$\mathrm{tg}^2\varphi = a^2 + b^2,$$

Wir erhalten nun die bequemste Übersicht über das ganze System der zu $1\varepsilon$ gleichwinkligen Ebenen, indem wir dieser Ebene für einen Augenblick eine spezielle Lage erteilen; wir wählen sie nämlich parallel $R_2^p$ oder lassen sie geradezu mit $R_2^p$ zusammenfallen, was auf das nämliche hinauskommt. Die Ebene $1\varepsilon^n$ fällt dann nach Früherem (§ 2) mit der Ebene $CC_1C_2$ zusammen, welche den Projektionsraum in der Geraden $C_1C_2$ schneidet. Wir wollen nun, um den zum Winkel $\varphi$ gehörigen Rotationskegelraum zu erzeugen, die Fluchtlinie $q_0$ irgend einer Ebene $Cq_0$ annehmen, welche mit $R_2^p$ die beiden gleichen Neigungswinkel $\varphi$ bildet, und diese Ebene um $CC_1C_2$ rotieren lassen. Jeder Punkt von $q_0$ durchläuft dann einen Kreis in der durch ihn hindurchgehenden, zu $CC_1C_2$ vollständig senkrechten Ebene; diese Ebene ist $\parallel R_2^p$ und somit in $R_3^p$ enthalten und kann also die Ebene $CC_1C_2$ nur in einem Punkte der Geraden $C_1C_2$ schneiden, und hieraus ergibt sich, daß wenn die Ebene $Cq_0$ um $CC_1C_2$ rotiert, die Fluchtlinie $q_0$ eine Rotation ausführt um die Gerade $C_1C_2$; dabei erzeugt dieselbe dann ein Rotationshyperboloid und dieses ist offenbar nichts anderes als das zum Winkel $\varphi$ gehörige Neigungshyperboloid (§ 4). Dieses Hyperboloid ist also der Querschnitt unseres Rotationskegelraumes mit $R_3^p$, und die Geraden der zweiten Regelschar desselben bilden ein zweites System von zum Winkel $\varphi$ gehörigen, zu $R_2^p$ gleichgeneigten Ebenen, und weil je zwei Gerade verschiedener Regelscharen sich schneiden, so geht durch jede in dem Kegelraume enthaltene Gerade je eine Ebene jedes der beiden Systeme, was mit dem früher erhaltenen Resultate, daß durch jeden Punkt $B$ (Fig. 25) zwei Fluchtlinien der verlangten Beschaffenheit gehen, im Einklange ist.

Ändert $\varphi$ nach und nach seine Größe, so erhalten wir (§ 6) ein ganzes Büschel von Neigungshyperboloiden, und daraus erkennen wir, daß die zu $R_2^p$ und also auch im allgemeinen zu irgend einer Ebene gleichgeneigten ein zweifach unendliches System bilden, oder besser

---

während $2\varepsilon$ im einen Falle die Gleichungen:

$$x_1 = ax_3 + bx_4\,, \quad x_2 = bx_3 - ax_4$$

erhält und im andern:

$$x_1 = ax_3 + bx_4\,, \quad x_2 = -bx_3 + ax_4\,.$$

In beiden Fällen ergibt die Elimination von $a$ und $b$ aus diesen Gleichungen und derjenigen für $\operatorname{tg}^2\varphi$:

$$x_1^2 + x_2^2 = (x_3^2 + x_4^2)\cdot \operatorname{tg}^2\varphi\,,$$

und dieser Kegelraum wird von jeder Ebene $\perp 1\varepsilon$ ($x_3 =$ konstant, $x_4 =$ konstant), sowie von jeder $\perp 1\varepsilon^n$ ($x_1 =$ konstant, $x_2 =$ konstant) in einem Kreise geschnitten. Zugleich lehrt diese Betrachtung, daß es 2 Systeme gleichwinkliger Ebenen vom Winkel $\varphi$ gibt, und daß diese den nämlichen Kegelraum ausfüllen.

zwei solche Systeme, entsprechend den beiden Regelscharen jedes Hyperboloids. Gehören zwei Ebenen zum nämlichen Kegelraum, also ihre Fluchtlinien zum nämlichen Hyperboloid, so ist leicht zu entscheiden, ob sie zum nämlichen Systeme gehören oder nicht; im ersten Falle sind die Fluchtlinien windschief, im zweiten schneiden sie sich; aber wenn die Ebenen zu verschiedenen Winkeln gehören, so sind die Fluchtlinien immer windschief, denn zwei Neigungshyperboloide haben keine reellen Punkte gemein; es fragt sich also, wie in diesem Falle die Zusammengehörigkeit oder Nichtzusammengehörigkeit konstatiert werden kann. Um hierüber Klarheit zu gewinnen, bemerken wir, daß es noch eine andere Gruppierung der Fluchtlinien der zu $R_2^p$ gleichgeneigten Ebenen gibt als nach der Größe des Neigungswinkels $\varphi$, die tatsächlich schon beim Studium der Figur 25 hervorgetreten ist, und die wir hier in spezieller Form wiederfinden. Die Fluchtlinie von $R_2^p$ selbst ist offenbar ihre unendlich entfernte Gerade $g_\infty$, diejenige ihrer vollständig normalen Ebene ist $C_1 C_2$; ist nun $q_0$ die Fluchtlinie irgend einer zum Winkel $\varphi$ gehörigen und zu $R_2^p$ gleichgeneigten Ebene, $q_0^n$ ihre Antipolare, so liegen den Erörterungen am Anfange des jetzigen Paragraphen zufolge die vier Geraden $g_\infty$, $C_1 C_2$, $q_0$, $q_0^n$ auf einem Hyperboloid, welches also hier die Gestalt eines hyperbolischen Paraboloides annimmt; sämtliche Gerade derjenigen Regelschar, zu der auch $g_\infty$ gehört, sind die Fluchtlinien von zu verschiedenen Winkeln gehörigen, aber zu $R_2^p$ gleichgeneigten Ebenen, und sämtliche Gerade der andern Schar, die hier also parallel $R_2^p$ verlaufen, sind die Fluchtlinien der zugehörigen Neigungsebenen; und das Prinzip der Gruppierung, das wir hier befolgt haben, ist also dieses, daß wir alle diejenigen zu $R_2^p$ gleichgeneigten Ebenen zusammengenommen haben, deren Neigungswinkel in den nämlichen Ebenen enthalten sind; es ist klar, daß alle diese Ebenen samt ihren Neigungsebenen wieder einen quadratischen hyperboloidischen Kegelraum erfüllen, ähnlich wie oben schon. Wir zeigen nun, daß wenn $q_0$ um $C_1 C_2$ rotiert und also die eine Regelschar des zum Winkel $\varphi$ gehörigen Neigungshyperboloides durchläuft, das hyperbolische Paraboloid ein Büschel erzeugt.

Zunächst wissen wir, daß alle hier in Betracht kommenden Paraboloide die beiden Geraden $g_\infty$ und $C_1 C_2$ gemein haben; wir zeigen nun, daß sie noch zwei andere Gerade gemein haben, welche die beiden zuerst genannten schneiden.

Die Neigungshyperboloide bilden ein Büschel (§ 6), dessen Basiskurve aus den vier imaginären Schnittlinien der beiden durch $C_1 C_2$ hindurchgehenden isotropen Ebenen $x^2 + y^2 = 0$ mit den beiden zu

$R_2^\varrho$ parallelen Ebenen $z = \pm d\sqrt{-1}$ besteht; jede zur Schar $g_\infty$ gehörige Gerade nun des soeben aufgefundenen Paraboloids liegt auf einem gewissen Neigungshyperboloid, die vier imaginären Geraden aber liegen auf allen zugleich, folglich wird jede Gerade der Schar $g_\infty$ des Paraboloids die Ebene $z = +d\sqrt{-1}$ in der einen der beiden in dieser Ebene liegenden imaginären Geraden schneiden und die Ebene $z = -d\sqrt{-1}$ in der zur ersten windschiefen, d. h. nicht mit dieser in der nämlichen isotropen Ebene liegenden. Diese beiden windschiefen imaginären Geraden nun bilden zusammen mit $g_\infty$ und $C_1 C_2$ die Basiskurve des Büschels der Paraboloide, denn was soeben von einem Paraboloid gesagt worden ist, gilt in gleicher Weise von allen andern auch, und daß wirklich alle Gerade der Schar $g_\infty$ von allen Paraboloiden die beiden Ebenen $z = \pm d\sqrt{-1}$ in den nämlichen zwei imaginären Geraden schneiden, ist eine Folge des Umstandes, daß wir vom zum Winkel $\varphi$ gehörigen Neigungshyperboloid vorderhand nur die eine Regelschar betrachtet haben, und daß alle Gerade dieser Schar die beiden Ebenen in den nämlichen Geraden schneiden, nämlich in den beiden nicht zu dieser Schar gehörigen.

Es ist nun klar, daß wir, von der andern Schar des dem Winkel $\varphi$ zugeordneten Neigungshyperboloids ausgehend, ein zweites Büschel von Paraboloiden erhalten, dessen Basiskurve besteht aus $g_\infty$, $C_1 C_2$ und den beiden soeben ausgeschlossenen imaginären Geraden, und nun gehören zwei Ebenen zum gleichen oder zu verschiedenen Systemen, je nachdem ihre Fluchtlinien auf Paraboloiden desselben oder verschiedener Büschel liegen.

Fassen wir unsere Resultate kurz zusammen. Jede Gerade $q_0$ irgend eines Neigungshyperboloids bestimmt mit $g_\infty$ und $C_1 C_2$ ein hyperbolisches Paraboloid, und dieses enthält von jedem Neigungshyperboloid außer zwei von den vier Schnittlinien der Ebenenpaare $x^2 + y^2 = 0$ und $z^2 + d^2 = 0$ zwei reelle Gerade der nämlichen Schar, und wenn $q_0$ um $C_1 C_2$ rotiert und also die eine Regelschar eines Neigungshyperboloids durchläuft, so erzeugt das zugehörige Paraboloid ein Büschel. Entsprechend den beiden Regelscharen eines einfachen Hyperboloids gibt es aber zwei solche Büschel, und die zur Schar $g_\infty$ gehörigen Geraden aller Paraboloide beider Büschel bilden die Fluchtlinien der beiden Systeme der zu $R_2^\varrho$ gleichgeneigten Ebenen.

Es ist nun sofort ersichtlich, wie sich die Sache verhält, wenn wir anstatt $R_2^\varrho$ eine beliebige Ebene $1\varepsilon$ wählen. Es war der Raum $R_3^\varrho$ halb senkrecht zur Ebene $C C_1 C_2$, die vollständig normal ist zu

$R_2^p$; wählen wir also irgend einen den Punkt $C$ nicht enthaltenden Raum halb senkrecht zu $1\varepsilon^n$, so bilden die Schnittlinien der durch $C$ gehenden, zu $1\varepsilon$ gleichgeneigten Ebenen mit diesem genau die im obigen Satze beschriebene Figur, und die Fluchtlinien dieser Ebenen bilden also die Zentralprojektion dieser Figur auf $R_3^p$. Dabei gehen dann die Neigungshyperboloide über in ein gewisses Büschel von allgemeinen Hyperboloiden mit vollständig imaginärer Grundkurve, und die beiden Büschel von Paraboloiden werden ebenfalls zu Büscheln von Hyperboloiden, welche alle die Geraden $1q_0$ und $1q_0^n$ enthalten, und deren mit diesen beiden Geraden je zur nämlichen Schar gehörige Erzeugenden immer auf Hyperboloiden des zuerst genannten Büschels liegen, während die Geraden der andern Schar immer Fluchtlinien von Neigungsebenen sind.

§ 16. Wir wenden uns zu unserer letzten Hauptaufgabe, nämlich zur Lehre von der zentrischen Kollineation oder Abhängigkeit einer im Operationsraume enthaltenen dreidimensionalen Figur und ihres Bildes, wobei dann auch die Umlegung eines nicht durch das Projektionszentrum gehenden dreidimensionalen Raumes zur Sprache kommen muß.

Wir denken irgend einen $R_3$ als Inbegriff seiner sämtlichen Punkte, Geraden, Ebenen und der aus diesen Elementen gebildeten ein-, zwei- und dreidimensionalen Figuren; er schneide $R_3^p$ in der Spurebene $\sigma_0$, während sein nullprojizierender Parallelraum mit $R_3^p$ die Fluchtebene $\varkappa_0$ gemein habe. Der Verschwindungsraum $R_3^v$ (§ 3), welcher durch $C$ geht und parallel $R_3^p$ ist, schneidet $R_3$ in der zu $\sigma_0$ parallelen Verschwindungsebene $\varrho$, während er den Parallelraum in einer durch $C$ gehenden und zu $\sigma_0, \varkappa_0, \varrho$ parallelen Ebene $\tau$ schneidet, die aber für unsern jetzigen Zweck von untergeordneter Bedeutung ist. Es ist nun jedem Punkte von $R_3$ ein einziger Punkt von $R_3^p$ zugeordnet, nämlich seine Nullprojektion, und umgekehrt; die Punkte von $\sigma_0$ fallen mit ihren entsprechenden zusammen, denjenigen der Verschwindungsebene $\varrho$ entsprechen die unendlich fernen von $R_3^p$, denn die projizierenden Strahlen derselben liegen innerhalb des $R_3^v$ und sind somit zu $R_3^p$ parallel, und den unendlich fernen Punkten von $R_3$ entsprechen im $R_3^p$ die Punkte von $\varkappa_0$.

Irgend einer Geraden des $R_3$ entspricht im Projektionsraume wieder eine Gerade, und zwei entsprechende Gerade schneiden sich in einem Punkte $S_0$ von $\sigma_0$ und liegen in einer Ebene durch $C$. Der Parallelstrahl zum Original schneidet das Bild im Fluchtpunkte $Q_0$ auf $\varkappa_0$, und derjenige zum Bilde schneidet das Original im Verschwindungspunkte $R$ auf $\varrho$, so daß die Punkte $S_0$, $Q_0$, $C$, $R$ in dieser Reihenfolge die Ecken eines Parallelogrammes bilden.

Irgend einer Ebene des $R_3$ entspricht im Projektionsraume wiederum eine Ebene als Nullprojektion, und zwei entprechende Ebenen liegen in einem projizierenden Raume und schneiden sich in einer Geraden $s_0$ von $\sigma_0$. Die Parallelebene des Originals schneidet das Bild in der Fluchtlinie $q_0$ auf $\varkappa_0$, und diejenige zum Bilde schneidet das Original in der Verschwindungslinie $r$ auf $\varrho$.

Diese unmittelbar evidenten Sätze umfassen die Abhängigkeit zwischen irgend einer im $R_3$ enthaltenen Figur und ihrer Nullprojektion; diese Abhängigkeit ist also eine zentrische Kollineation, denn geraden Linien entsprechen wieder gerade Linien (und folglich auch Ebenen Ebenen), und die Verbindungslinien entsprechender Punkte gehen durch ein festes Zentrum; wir zeigen nun, daß diese Beziehungen durch die Umlegung des $R_3$ und seines Parallelraumes in den Projektionsraum nicht gestört werden und also zwischen der Projektion und der Umlegung der gedachten Figur fortbestehen.

Bei der Umlegung führt $R_3$ im einen oder andern Sinne eine Rotation um die Ebene $\sigma_0$ und der Parallelraum eine dazu parallele Rotation um $\varkappa_0$ aus, und das umgelegte Zentrum $(C)$ erhalten wir wie in der Figur 17 auf dem aus $C_1$ auf $\varkappa_0$ gefällten Perpendikel aus dem schraffierten rechtwinkligen Dreieck, wobei wir an den Umstand erinnern, daß auch der in bezug auf $H$ symmetrische Punkt von $(C)$ eine mögliche Lage des umgelegten Zentrums darstellt. Die Entfernung $(C)H$ ist die senkrechte Entfernung der beiden Ebenen $\varkappa_0$ und $\tau$, und diese ist gleich derjenigen der beiden Ebenen $\sigma_0$ und $\varrho$, und weil $R_3$ und sein Parallelraum ihre Rotationen als starre Gebilde ausführen, so bleiben $\varrho$ und $\tau$ fortwährend parallel zu $\sigma_0$ und $\varkappa_0$, und es sind also die Umlegungen $(\varrho)$ und $(\tau)$ auch noch parallel zu diesen Ebenen oder also senkrecht zur Geraden $(C)H$, und zwar geht $(\tau)$ durch $(C)$, während $(\varrho)$ die Entfernung $(C)H$ von $\sigma_0$ hat und auf der nämlichen Seite von $\sigma_0$ liegt wie $(\tau)$ von $\varkappa_0$, aus welcher Lagenrelation leicht die Regel hergeleitet wird, daß wie auch $R_3$ umgelegt werde, immer die Mitte zwischen $(C)$ und $\sigma_0$ zugleich die Mitte zwischen $(\varrho)$ und $\varkappa_0$ ist.[1])

Es sei jetzt in $R_3$ eine beliebige Gerade gegeben. Die Gerade selbst und ihr Parallelstrahl führen während der Umlegung parallele Bewegungen aus und sind also auch nach der Umlegung parallel, und der Parallelstrahl zum Original schneidet das Bild wieder in $Q_0$ auf

---

[1]) Vgl. W. Fiedler, l. c. S. 30.

$\varkappa_0$ und umgekehrt derjenige des Bildes das umgelegte Original in $(R)$ auf $(\varrho)$, und genau das nämliche gilt, wenn wir die Gerade durch eine Ebene ersetzen, kurz von allen oben aufgestellten Gesetzen der zentrischen Kollineation bis auf eines zeigt sich unmittelbar, daß sie durch den Prozeß der Umlegung nicht zerstört werden; zweifelhaft aber bleibt es, ob auch in der Umlegung je zwei entsprechende Punkte immer auf einer Geraden durch $(C)$ liegen. Daß nun auch diese letzte Beziehung erhalten bleibt, ergibt sich aus folgender Überlegung. Es ist der Punkt $(C)$ ein beliebiger Punkt von $R_3^\varrho$; wir können ihn also wie jeden andern Punkt von $R_3^\varrho$ als die Nullprojektion eines gewissen Punktes $A$ aus dem Originalraume $R_3$ auffassen, denn wir haben, um diesen Punkt $A$ zu erhalten, nichts weiter zu tun, als die Verbindungslinie $(C)C$ mit $R_3$ zu schneiden. Es erhalten nun die Geraden von $R_3$ durch $A$ eine eigentümliche Eigenschaft sobald sie umgelegt werden, denn ihre Nullprojektion geht durch $(C)$, und wenn man nun, um die Umlegung zu finden, $(C)$ mit $Q_0$ verbindet und durch $S_0$ die Parallele dazu zieht, so erhält man die nämliche Gerade wieder, denn $S_0$, $Q_0$ und $(C)$ liegen in gerader Linie. Wir finden also: Diejenigen Geraden des $R_3$, deren Nullprojektionen durch das umgelegte Zentrum gehen, fallen in der Umlegung mit ihrer Projektion zusammen.[1])

Diese Geraden nun werden die Kollineationsstrahlen für die Umlegung; denn wenn wir nun irgend einen Punkt $P$ des $R_3$ als den Schnittpunkt einer beliebigen Geraden $g$ dieses Raumes und einer Geraden $a$ durch $A$ auffassen, so ist $P_0$ der Schnittpunkt von $g_0$ mit der durch $(C)$ gehenden $a_0$, und $(P)$ derjenige von $(g)$ mit $(a)$, aber $(a)$ und $a_0$ sind identisch, folglich liegen $P_0$ und $(P)$ in der Tat auf einer Geraden durch $(C)$. Es bleibt also auch diese letzte Beziehung bestehen, und man konstruiert also die Umlegung einer im Operationsraume liegenden dreidimensionalen Figur als das zentrisch-kollineare Modell zur Nullprojektion derselben.

Es wäre nun hier der Ort, um aus den Fundamentalbeziehungen der zentrischen Kollineation die projektive Geometrie des vierdimensionalen Raumes herzuleiten, allein darauf gehen wir hier nicht ein; andererseits wäre hier auf die möglichen Spezialfälle hinzuweisen, aber auch von diesen betrachten wir nur den wichtigsten, nämlich den Fall der involutorischen Kollineation. Legen wir durch $C$ die vollständig normale Ebene etwa zu $\sigma_0$, so ist dieselbe natürlich auch vollständig normal zu den dazu parallelen $\varrho$, $\varkappa_0$, $\tau$, und die vier Schnittpunkte

---

[1]) Vgl. W. Fiedler, l. c. S. 29.

sind die Ecken eines Parallelogramms, denn die Verbindungslinien derselben sind die Schnittlinien der genannten Ebenen mit den paarweise parallelen Räumen $R_3$, Parallelraum, $R_3^{\varrho}$ und $R_3^{\varkappa}$. Die Gerade, welche $C$ mit der gegenüberliegenden Ecke verbindet, ist die Schnittlinie der Normalebene mit dem Raume durch $C$ und $\sigma_0$, und wenn dieser Raum speziell den Winkel zwischen $R_3$ und $R_3^{\varrho}$ halbiert, so wird die genannte Diagonale zwei Winkel des Parallelogramms halbieren und dieses letztere also ein Rhombus werden, denn die zu $\sigma_0$ usw. vollständig normale Ebene ist zu den vier Räumen halb normal und stellt also für den Winkel je zweier derselben eine Neigungsebene dar. Wird nun $R_3$ in $R_3^{\varrho}$ umgeklappt, so fällt infolge der Gleichheit der Seiten des Rhombus bei der Umlegung im einen Sinne $(C)$ gerade auf $\sigma_0$, und $(\varrho)$ und $\varkappa_0$ werden symmetrisch zueinander in bezug auf $\sigma_0$; bei der Umlegung im andern Sinne aber fallen $(\varrho)$ und $\varkappa_0$ zusammen in die Mitte von $(C)$ und $\sigma_0$. Die Lage $(C)$ in $\sigma_0$ ist zwar in gewissem Sinne sehr eigentümlich, beeinflußt aber die Konstruktion des zentrisch kollinearen Modells nicht wesentlich; wenn aber $(\varrho)$ und $\varkappa_0$ zusammenfallen, so erhalten wir die wohlbekannte Vertauschungsfähigkeit der Involution mit ihrem Zusammenhang mit dem harmonischen Doppelverhältnis; denn wenn wir irgend eine Gerade des $R_3^{\varrho}$ das eine Mal als Original $g$, des andere Mal als Bild $h_0$ auffassen, so folgt aus dem Zusammenfallen des $R$ von $g$ mit dem $Q_0$ von $h_0$, daß auch $g_0$ und $h$ zusammenfallen; und man kann also von zwei zentrisch kollinearen Modellen jedes nach Belieben als Original oder als Bild des andern auffassen.

Wir schließen unsere Betrachtungen mit der Bemerkung, daß man auch den Operationsraum selbst zentrisch kollinear abbilden kann, aber nur auf sich selbst, wie dies z. B. in unserem gewöhnlichen Raume, wenigstens theoretisch, zu geschehen hat bei Bühnendarstellungen, wo der ganze unendliche Raum hinter der Ebene des Vorhangs abgebildet wird auf den Teil desselben zwischen Vorhang und Hintergrund. Man wird einen Spur- und einen dazu parallelen Fluchtraum und natürlich überdies ein Projektionszentrum annehmen und nun jede Gerade des $R_4$ abbilden, indem man durch ihren Schnittpunkt mit dem Spurraum die Parallele zu der Verbindungslinie von $C$ mit ihrem Schnittpunkt mit dem Fluchtraume zieht; eine dreidimensionale Figur führt dann auf ein dreidimensionales, eine vierdimensionale auf ein vierdimensionales Modell; die Beziehungen zwischen entsprechenden Figuren sind aber immer diejenigen der zentrischen Kollineation.

Zeitfracht Medien GmbH
Ferdinand-Jühlke-Straße 7
99095 Erfurt, Deutschland
produktsicherheit@kolibri360.de